中国草业统计

ZHONGGUO CAOYE TONGJI

2017

全国畜牧总站 编

中国农业出版社
北 京

图书在版编目（CIP）数据

中国草业统计. 2017 / 全国畜牧总站编. —北京：中国农业出版社，2018.12

ISBN 978-7-109-24752-9

Ⅰ. ①中…　Ⅱ. ①全…　Ⅲ. ①草原资源－统计资料－中国－2017　Ⅳ.①S812.8-66

中国版本图书馆CIP数据核字（2018）第239542号

中国农业出版社出版

（北京市朝阳区麦子店街18号楼）

（邮政编码 100125）

责任编辑　赵　刚

中国农业出版社印刷厂印刷　　新华书店北京发行所发行

2018年12月第1版　　2018年12月北京第1次印刷

开本：889mm × 1194mm　1/32　　印张：7.5　　插页：2

字数：215千字

定价：60.00元

编辑委员会

编　写　组

主　　编： 李新一　王加亭

副 主 编： 刘　彬　赵鸿鑫

编写人员（以姓氏笔画为序）：

王加亭　尹晓飞　尹权为　乔　江　向金城　刘　彬　刘昭明　齐　晓　杜桂林　李新一　张晓霞　张铁战　陈志宏　邵麟惠　罗　峻　赵恩泽　赵鸿鑫　柳珍英　董永平　阙龙云　薛泽冰

编 者 说 明

为准确地掌握我国草业发展形势，以便于从事、支持、关心草业的各有关部门和广大工作者了解、研究我国草业经济发展情况，全国畜牧总站认真履行草业统计职能，对2017年各省（自治区、直辖市）的2 200多个县级草业统计资料进行了整理，编辑出版《中国草业统计》（2017），供读者作为工具资料书查阅。

本书内容共分四个部分：第一部分为草业发展综述；第二部分为草原保护建设统计；第三部分为草业生产统计，包括牧草种植与草种生产、多年生牧草生产、一年生牧草生产、牧草种子生产、商品草生产、草产品加工企业生产、农闲田面积、农闲田种草、飞播种草、牧草种质资源收集保存和牧草品种审定等；第四部分为草原生物灾害统计，包括草原鼠害发生与防治和草原虫害发生与防治等。

本书所涉及的全国性统计指标未包括香港、澳门特别行政区和台湾省数据。书中部分数据合计数和相对数由于单位取舍不同而产生的计算误差，未作调整。数据项空白表示数据不详或无该项指标数据。

由于个别省区统计资料收集不够及时，编辑时间仓促，加之水平有限，难免出现差错，敬请读者批评指正。

2018年10月

目　录

第一部分　草业发展综述 …… 1

一、草原保护与建设情况 …… 3
二、牧草种植生产情况 …… 7
三、牧草种子生产与管理情况 …… 10
四、商品草生产与贸易情况 …… 13

第二部分　草原保护与建设统计 …… 15

2-1　全国及牧区半牧区草原保护与建设情况 …… 17
2-2　各地区草原保护与建设情况 …… 18
2-3　各地区牧区半牧区草原保护与建设情况 …… 22
2-4　各地区牧区草原保护与建设情况 …… 24
2-5　各地区半牧区草原保护与建设情况 …… 26

第三部分　草业生产统计 …… 29

一、牧草种植与草种生产情况 …… 31
3-1　全国及牧区半牧区牧草种植与草种生产情况 …… 31
3-2　各地区牧草种植与草种生产情况 …… 32
3-3　各地区牧区半牧区牧草种植与草种生产情况 …… 34
3-4　各地区牧区牧草种植与草种生产情况 …… 34
3-5　各地区半牧区牧草种植与草种生产情况 …… 36
二、多年性牧草生产情况 …… 38

3-6　2007—2017年全国多年生牧草分种类年末保留种植面积情况 …… 38
3-7　各地区分种类多年生牧草生产情况 …… 40
3-8　各地区紫花苜蓿生产情况 …… 62
3-9　全国牧区半牧区分种类多年生牧草种植情况 …… 64
3-10　各地区牧区半牧区分种类多年生牧草生产情况 …… 66
3-11　各地区牧区分种类多年生牧草生产情况 …… 72
3-12　各地区半牧区分种类多年生牧草生产情况 …… 76
三、一年生牧草生产情况 …… 82
3-13　2007—2017年全国一年生牧草分种类种植面积情况 …… 82
3-14　各地区分种类一年生牧草生产情况 …… 84
3-15　各地区多花黑麦草生产情况 …… 93
3-16　全国牧区半牧区分种类一年生牧草种植情况 …… 94
3-17　各地区牧区半牧区分种类一年生牧草生产情况 …… 95
3-18　各地区半牧区分种类一年生牧草生产情况 …… 97
3-19　各地区牧区分种类一年生牧草生产情况 …… 99
四、牧草种子生产情况 …… 100
3-20　2013—2017年全国分种类牧草种子田生产情况 …… 100
3-21　各地区分种类牧草种子生产情况 …… 104
3-22　全国牧区半牧区分种类牧草种子生产情况 …… 108
3-23　各地区牧区半牧区分种类牧草种子生产情况 …… 110
3-24　各地区半牧区分种类牧草种子生产情况 …… 112
3-25　各地区牧区分种类牧草种子生产情况 …… 113
五、商品草生产情况 …… 114
3-26　各地区分种类商品草生产情况 …… 114
3-27　各地区牧区半牧区分种类商品草生产情况 …… 118
3-28　各地区牧区分种类商品草生产情况 …… 120
3-29　各地区半牧区分种类商品草生产情况 …… 121

六、草产品加工企业生产情况 ……122
3-30　各地区草产品加工企业生产情况 ……122
3-31　各地区牧区半牧区草产品加工企业生产情况 ……180
七、各地区农闲田面积情况 ……200
3-32　各地区农闲田面积情况 ……200
八、各地区分种类农闲田种草情况 ……202
3-33　各地区分种类农闲田种草情况 ……202
九、各地区牧草种质资源保存情况 ……212
3-34　各地区牧草种质资源保存情况 ……212
十、2017年全国草品种审定委员会审定通过草品种名录 ……214
3-35　2017年全国草品种审定委员会审定通过草品种名录 ……214

第四部分　草原生物灾害统计 ……219

4-1　2017年全国草原鼠害发生防治情况 ……220
4-2　2017年全国草原虫害发生防治情况 ……222

附录 ……225

附录一　主要指标解释 ……226
附录二　全国268个牧区半牧区县名录 ……228
附录三　附图 ……233

第一部分

草 业 发 展 综 述

一、草原保护与建设情况

2017年是全面深化草原生态文明体制改革的关键一年，也是落实草原保护建设利用“十三五”规划的重要一年。党的十九大提出加快生态文明体制改革，建设美丽中国，为草原保护和生态建设带来全新的机遇和挑战。农业部印发《关于切实做好2017年草原保护建设重点工作的通知》，分解草原综合植被盖度指标，落实草原保护各项制度，推进草原资产负债表编制和草原环境承载力评价试点；印发《全国草地资源清查总体工作方案》，启动第二次全国草地资源清查工作。全国各地认真贯彻落实中央关于农业供给侧结构性改革的决策部署，遵循“创新、协调、绿色、开放、共享”的发展理念，坚持“生产生态有机结合、生态优先”的基本方针，牢固树立保护为先、预防为主、制度管控和底线思维，进一步推进草原生态保护建设，促进草牧业发展。

（一）草原保护建设工作持续有力

2017年，国家继续在内蒙古等13个省区和新疆生产建设兵团、黑龙江省农垦总局实施了新一轮草原生态保护补助奖励政策，在新疆等13省区实施了退牧还草工程，在河北等5省区实施了京津风沙源草原治理工程，在贵州等8省区开展了西南岩溶地区草地治理试点工程。全国各项草原保护制度稳步推进，基本草原划定面积、草原承包面积、禁牧休牧轮牧面积分别为384 714万亩*、423 179万亩、243 662万亩，同比增加2.6%、−1.8%、2.1%。各项草原建设措施进一步得到加强，草原围栏、草地改良、生物灾害防治、草场灌溉分别为130 697万亩、26 777万亩、17 770万亩、882万亩，同比增加3%、−7.1%、6.4%、−15.4%。设立草原管护员公益岗位8.89

* 亩为非法定计量单位，1亩≈666.67平方米。

万个。

（二）草原工程建设效果显著

2017年，国家继续实施退牧还草、京津风沙源治理、西南岩溶地区草地治理等重大草原生态工程，中央总投资26.4亿元，通过实施草原围栏、补播改良、人工种草等措施，工程区域内植被逐步恢复，生态环境进一步改善。三大草原保护建设工程累计建设草原围栏3 696万亩、治理石漠化草地73.5万亩、改良退化草原328.5万亩、建植人工饲草地147万亩、飞播牧草13.5万亩、草种基地3万亩；建设棚圈5.9万户、建设青贮窖49万立方米、贮草棚23万平方米。监测结果表明，工程区较非工程区草原植被盖度平均高出15个百分点，植被高度平均增加48.1%，单位面积鲜草产量平均增加85%。

（三）草原生态环境加快恢复

我国草原面积约占国土面积的2/5，相当于耕地面积的3.2倍、森林面积的2.3倍，草原是我国生态文明建设的主战场。2017年，除内蒙古东部、新疆北部等局部地区受旱灾等因素影响外，全国大部分草原水热匹配较好，草原植被生长状况好于往年，草原利用方式更趋合理。监测结果表明，全国鲜草产量10.6亿吨，较上年增加2.5%，折合干草约32 842万吨，载畜能力约为25 814万羊单位，均较上年增加2.5%。全国草原综合植被盖度达到了55.3%，较上年提高0.7个百分点。

从分省区来看，内蒙古和新疆产草量仍居前两位，西藏超过四川跃居第三，广西产草量超过湖北进入前十名。内蒙古、新疆、西藏、四川、青海、甘肃等六大牧区鲜草总产量59 351万吨，占全国的55.7%，同比增加2.1%，折合干草18 791万吨，载畜能力约14 760万羊单位。从草原类型来看，鲜草总产量居前四位的分别为高寒草甸类、热性灌草丛类、温性草原类、低地草甸类，其产量之和占全国总产量的74.3%。与上年相比，除温性荒漠类单产下降8%外，其他草原单产均增加。其中，低地草甸类、高寒草原类、热性灌草从类单产增幅超过5%。

（四）草原畜牧业生产方式有所转变

长期以来，我国草原畜牧业仍沿用传统的放牧方式，局部地区超载过牧，冬季饲草料短缺，牲畜舍饲圈养比例不高，规模化标准化水平较低，缺乏龙头企业带动，尤其在自然灾害频发的一些牧区，仍未摆脱“夏壮秋肥冬瘦春死”的困境。这种落后的生产方式，在一定程度上影响了牧民的生产生活水平。随着国家相继实施新一轮草原生态补助奖励政策，推进草原生态系统保护和修复重大工程，治理退化沙化草原，加大粮改饲试点力度，大力发展现代草牧业，积极推广种养结合循环发展模式，草原畜牧业生产方式正在逐步转变。近年来，国内鲜奶收购价格持续低迷，自2014年肉羊收购价格下行以来，直至2017年8月才出现回升，这影响了全国的羊肉、牛奶生产。牧区的畜牧业生产布局和养殖结构继续优化调整，散户逐步退出，规模养殖快速发展。

从制度落实来看，268个牧区半牧区县基本草原划定面积、草原承包面积、禁牧休牧轮牧面积分别为208 773万亩、249 456万亩、185 582万亩。从草原建设和基础设施升级改造来看，棚圈建设、草原围栏、草地改良、草场灌溉分别为4 282万平方米、111 534万亩、16 536万亩、766万亩，同比降低23.3%、5.1%、32%、17.2%。从畜种（群）结构来看，牛年末存栏数2 841万头、羊年末存栏数12 139万只，同比降低3.2%、1.8%。从畜产品变化情况来看，肉、奶、毛的总产量分别为699万吨、662万吨、27万吨，同比增加−1.7%、−18%、6.3%。从牧民收入来看，牧区县和半牧区县分别为10 174元/人、9 587元/人，同比提高20%、8.6%。

（五）草原防灾减灾能力逐渐加强

2017年，中央加大资金投入，提升草原灾害防控能力水平与基础建设，草原防灾减灾方面的工作得到有力保障。中央投入鼠虫害防控资金17 118万元，较上年增加4 118万元；投入2 300万元，建设9个省级和15个重点区域监测预警中心。

全国草原生物灾害危害得到有效控制，草原鼠虫害危害面积、防治面积分别为6.2亿亩、1.77亿亩，同比增加1.6%、4.7%，挽回直接经济损失15亿元。268个牧区半牧区县草原毒害草危害面积1.3亿亩，占天然草原面积的3.7%，同比下降50%。人工草地牧草病害危害面积506万亩，占人工草地的9.5%，与上年基本持平。草原防火工作取得历年来最好成绩。全国共发生草原火灾58起，全部为一般草原火灾，首次实现无重特大草原火灾的目标，累计受害草原面积4.7万亩，经济损失335万元，无人员伤亡和牲畜损失。

二、牧草种植生产情况

随着国家农业供给侧结构性改革的深入推进和粮经饲三元种植结构调整，各地大力发展草牧业，优化牧草种植区域和种类。尽管种草面积略有下降，但优良牧草种植比例和牧草单产水平明显提升，全国上下涌现出一批草牧业发展典型模式，粮经饲三元结构调整成效初显。

（一）种草面积略有下降

近年来，国家对一些种草政策进行了调整。主要有：一是调整了新一轮草原生态保护补助奖励政策内容，取消了牧草良种补贴；二是停止了飞播种草项目；三是在新一轮退牧还草工程中提高了补播改良种草标准，但总资金量没有增加，种草任务量相应减少。另外，在内蒙古、新疆等种草地区受干旱、倒春寒等灾害气候的影响，加之畜禽年末存栏量整体呈下降趋势、草产品价格持续低迷，种草保留与新增面积皆有所下降。2017年全国种草保留面积、新增面积分别为29 557万亩、9 174万亩，同比下降4.2%、6.3%，其中改良种草保留面积、飞播种草保留面积、新增改良种草面积、新增飞播种草面积分别下降了9.4%、24.1%、37.7%、82.6%。

（二）区域布局更加合理

我国的牧草生产布局既存在受市场拉动和资源支撑影响的“草

随畜走”和“畜随草走”形态，如山东、河南因畜牧业发展而兴起的牧草产业，宁夏因牧草产业发展而兴起的奶牛产业等；也存在受自然气候条件影响的以草产业发展为主的业态，如内蒙古赤峰的阿鲁科尔沁旗苜蓿草基地和甘肃定西的苜蓿草基地。目前，我国牧草生产的“一带两区”格局基本形成，“一带”即北方苜蓿产业带，“两区”即东北羊草生产区和南方饲草生产区。

从区域布局优化调整来看，各地区的草牧业发展更趋合理。在108个牧区县为主的牧区形成以天然草原放牧为主，适度发展人工种草的业态，该区域以生态保护优先，严格落实草原禁牧和草畜平衡制度，不断加大改良种草和飞播种草力度，从农区和半牧区调运饲草料和农副资源解决冬季饲草不足的问题。不断加快生产方式转变，提升基础设施建设，推进“暖牧冷饲”和“牧繁农育”模式，加快牲畜出栏，持续提升生产力水平，这为保障国家生态安全、维护边疆稳定和打赢扶贫攻坚战作出了积极贡献。2017年牧区县新增人工种草面积、改良种草保留面积，分别为1 021万亩、4 896万亩，同比增加5.2%、7.3%。人工种草产草量为1 339.5万吨，可饲喂牲畜0.2亿羊单位，同比增长18.8%。天然草原草畜平衡区产草量为7 071.9万吨，理论载畜量为1.05亿羊单位，同比增长2%。牛羊实际饲养量为1.75亿羊单位，同比减少1.1%。可见，牧区饲草量缺口大约在4 725万吨，需要从天然打草场打贮草，并从半牧区、农区调运牧草和农作物秸秆等农副资源来填补空缺。

在160个半牧区县为主的农牧交错带区，形成以舍饲圈养为主，为养而种、种养结合的发展业态。牧草生产以人工种草为主，牧草生产除满足本区域牲畜养殖外，剩余部分外调到牧区抗灾保畜和农区养殖企业。该区域草畜养殖方式主要以自繁自育和专业化育肥为主，生产效率和经济效益较高。2017年，半牧区县新增人工种草面积、改良种草保留面积，分别为2 402万亩、2 756万亩，同比增加2.7%、−29.6%。人工种草产草量为3 881万吨，可饲喂牲畜0.57亿羊单位，同比增长11.8%。天然草原草畜平衡区产草量为

2 695.9万吨，理论载畜量为0.4亿羊单位，同比增加2.6%。牛羊实际饲养量为2.34亿羊单位，同比减少3%。可见，该区域的饲草料缺口大约在9 247.5万吨，需要充分利用周边地区的农作物秸秆等农副资源来饲养草食家畜。

在广大农区形成以种草养畜、舍饲圈养、专业化育肥为主，来打造饲草产业带和规模化养殖基地的业态。北方农区主要种植苜蓿、燕麦、青贮玉米等牧草，南方地区主要种植黑麦草、杂交狼尾草等牧草。2017年农区新增人工种草面积、改良种草保留面积，分别为4 799万亩、3 059万亩，同比减少0.3%、8.6%。人工种草产草量为8 895.2万吨，可饲喂牲畜1.32亿羊单位，同比增长6.5%。天然草原产草量为16 562.2万吨，理论载畜量为2.45亿羊单位，同比增长3.8%。牛羊饲养量为9.53亿羊单位，同比基本持平。可见，农区的饲草料缺口大约在38 880万吨，应加大农作物秸秆资源化利用和人工种草面积，提高优质牧草供给能力。

（三）牧草种类选择更加明确

在推进草牧业试验试点、粮改饲试点和振兴奶业苜蓿发展行动等一系列项目示范和带动下，各地紫花苜蓿、燕麦和青贮玉米等优质饲草种植比例增加明显。2017年，全国紫花苜蓿种植面积6 225万亩，同比下降5.1%，其中牧区2 137万亩，农区4 088万亩。主产区有新疆、甘肃、陕西和内蒙古4省区，种植面积分别为1 396万亩、1 232万亩、1 005万亩、815万亩，共计4 448万亩，占全国71.5%。燕麦草消费日益增强，进口增长率高达38%以上。随着国内牧场对燕麦草的重新定位，燕麦在国内的种植面积不断扩大，种植面积为630万亩，同比增长25.1%，其中牧区375万亩、农区255万亩；燕麦主产区有青海、甘肃和内蒙古，种植面积分别为193万亩、158万亩、132万亩，占全国的76.7%。青贮玉米种植面积3 463万亩，同比增长1.8%，其中牧区1 468万亩，农区1 995万亩；青贮玉米主产区有内蒙古、新疆、黑龙江和山东，种植面积分别为1 269万亩、534万亩、228万亩和212万亩，占全国的64.8%。

（四）单产水平明显提高，总产量呈上升趋势

2017年，在粮改饲试点和振兴奶业苜蓿发展行动等项目的示范带动下，全国各地坚持科技兴草强草，大力推广丰产关键技术，增加优良牧草品种比例，扩大规模化种植，实施机械化作业和病虫害防控等综合生产管理措施，各地种草管理水平提升明显。

据统计，尽管全国种草面积略有下降，但单产与总产量不降反增，饲草供给能力提升明显。2017年，全国紫花苜蓿、多花黑麦草、青贮玉米单产分别为471千克/亩、1 125千克/亩、1 551千克/亩，同比增长2.4%、11.6%、5.3%。全国种草总产量、多年生牧草产量、一年生牧草产量分别为17 594万吨、9 031万吨、8 563万吨，同比增长7.3%、0.2%、15.8%。

三、牧草种子生产与管理情况

草业要发展，草种是基础。为贯彻落实《国务院关于加快推进现代农作物种业发展的意见》精神，全国各地积极加强种质资源保护利用与质量监管能力建设，完善牧草良种繁育体系，草种业发展逐步推进。近年来，随着草原生态保护补助奖励政策在牧区的连续实施，草原保护建设工程范围不断扩大，优良牧草种子的需求量不断加大。当前，我国草种生产专业化程度不高，技术和管理水平落后，产量和质量不能满足国内需求。因此，稳定的牧草种子生产、充足的市场供给、良好的种子质量、丰富的种质资源对草牧业健康发展、草原生态文明建设具有积极的促进作用。

（一）牧草种类优化调整更趋合理

随着振兴奶业苜蓿发展行动、粮改饲试点等项目的逐年实施，对紫花苜蓿、青贮玉米、燕麦等优质草种的需求量逐年增大，各地对草种生产的重视程度明显提高，加大了资金投入力度，并对牧草种子生产类型做出了相应调整。2017年，全国牧草种子田面积146万亩，其中一年生53.3万亩、多年生牧草92.7万亩，分别同比增加

15.6%、89.6%、-5.6%。一年生牧草中的燕麦、多花黑麦草分别同比增加10.8%、576%；多年生牧草中的披碱草、老芒麦分别同比下降19.6%、40.5%；紫花苜蓿种子作为大面积种植的优良牧草，同比增长9%，增幅明显。牧区半牧区县的牧草种子田面积为85.6万亩，占全国的58.6%。其中，一年生草种33.3万亩、多年生草种52.3万亩，分别同比增加12.5%、94.7%、-11.1%。

（二）种子产量增幅明显

2017年，除内蒙古东部、新疆北部等局部地区受旱灾等因素影响外，全国大部分草原水热匹配较好，加之现代种业提升工程草种项目的启动实施，甘肃、内蒙古等牧草种子重点省区草种生产管理技术水平提升明显，专业化、规范化程度不断提高，牧草种子单产和总产均增幅明显。全国牧草种子产量8.4万吨，其中种子田生产7.1万吨、天然草场采种1.3万吨，分别同比增加7.9%、0.1%、88.2%；一年生草种5.1万吨、多年生草种3.3万吨，分别同比增加23.5%、-10%。全国牧草种子主要产区集中在甘肃、青海、内蒙古、四川等地，种子田生产总产量6.4万吨，占全国的76.8%。牧区半牧区县牧草种子产量5.3万吨，占全国的62.8%。其中，种子田生产4.7万吨，天然草场采种0.6万吨，分别同比增加4.8%、3.1%、19.6%；一年生草种3.9万吨、多年生草种2.1万吨，分别同比增加44.8%、-7.8%。

（三）种子供需仍然不平衡

2017年，我国进口草种5.7万吨，同比增加71%。从草种用途来看，主要用于园林绿化、草坪建设方面的羊茅类、早熟禾类进口量分别为1.5万吨、0.6万吨，同比增加96%、191%；主要用于护坡绿化方面的三叶草类种子，进口量0.3万吨，同比增加92%；主要用于牧草生产方面的紫花苜蓿、黑麦草类进口量分别为0.1万吨、3.1万吨，同比增加-9%、53%。从数据分析来看，园林绿化、草坪建设方面的用种基本依靠进口。主要原因是，我国草种业起步较晚，草坪用草种生产技术手段比较落后，机械化程度较低，草种质量较差。近年来，退牧还草、京津风沙源治理、西南岩溶治理、振兴奶业苜蓿发展行动等重大项目的持续实施，各地区充分认识到了紫花苜蓿种子生产的重要性，良种繁育体系建设不断突破，种子产量基本能满足国内苜蓿种植需求，但由于生产与种植区域的不匹配，依然需要进口一部分进行补充。随着我国饲草业"一带两区"发展战略的推进，在南方饲草产区的黑麦草种植规模不断扩大，对草种的需求量大幅增加，进口比重有所提升。由于受生产技术与经济效益影响，我国草种业难以在短期内改变对国外市场依赖的局面。

（四）草种管理与质检能力逐步加强

2017年，国家启动实施了现代种业提升工程草种项目，各地认真做好种质资源保护、草品种区域试验与草品种审定等工作，草种管理水平逐步提高。全国共收集种质资源2 125份，复检入库1 806份，累计保存总量达到6万份；开展了900个试验品种、3 600个小区的区域试验；审定通过新草品种23个；印发《草业良种良法配套手册》，推介新草品种32个，为加快优良草品种应用提供了科学指导。

全国各级草种质检机构通过比对试验、能力验证、交流研讨、规程修订、设备更新、技术引进等多种手段努力提升检验检测能力和水平。2017年，全国47家质检机构共检验检测草种5 100份、草产品500份。其中，18家省部级质检机构抽检680批次，基本覆盖了我国草种生产和销售主要区域。抽检结果表明，我国三级以上草种比例达到75.2%，较上年提高6.5个百分点。

四、商品草生产与贸易情况

2017年，随着振兴奶业苜蓿发展行动、粮改饲试点、南方现代草地畜牧业推进行动等项目的持续实施，优质牧草种植比例和规模不断扩大，牧草种植结构不断优化，尤其是粮改饲试点任务面积翻番、资金翻倍，试点面积超过1 100万亩，中央财政补贴资金达20亿元，试点县扩大到431个。商品草生产已由简单数量型向质量效益型转变，商品草的产量和质量已显著提升，进一步改善了我国长期以来优质饲草供给不足的局面。

（一）商品草产量稳中有升

2017年，我国西北地区持续干旱，饲草价格持续低迷，尤其是新疆、宁夏和山东等地下滑趋势明显，分别同比下降14.5%、12.4%和10.5%。全国各地通过对新品种、新技术的推广，尽管商品草种植面积略有下降，但单产水平和总产量均有提升。全国商品草生产面积为2 002万亩、单产为509千克/亩、总产量为1 019万吨，分别同比增长-23.5%、63.1%和24.7%。

从分省区来看，商品草主产区为黑龙江、甘肃和内蒙古，分别为734万亩、351万亩和220万亩，占全国的36.7%、17.5%和11%。牧区半牧区县商品草种植面积为1 124万亩，产量为286.2万吨，分别占全国的56.1%、27.7%。从牧草种类来看，主要商品草为羊草、紫花苜蓿、青贮专用玉米和燕麦等，生产面积分别为790万亩、626万亩、186万亩和96万亩，占全国的39.4%、31.3%、9.3%和4.6%；产量分别为74万吨、359万吨、301万吨和62万吨，占全国的7.2%，34.7%、29.5%和6.1%。

（二）草产品加工企业发展迅速

国家逐渐加大对草牧龙头企业扶持和新型经营主体培育力度，各地区的草产品加工企业发展态势良好，产品种类更加丰富，产能逐步提升。据不完全统计，2017年全国草产品加工企业达553家，专业合作社242家，同比增长43.5%；产量达到732.7万吨，同比增长35%。加工企业主要集中在甘肃、内蒙古、宁夏、山东和黑龙江等地，分别有260家、114家、75家、41家和31家，占全国的65.5%；产量分别为270.3万吨、69.2万吨、47.7万吨、50.3万吨和56.9万吨，占全国的67.5%。牧区半牧区县中有加工企业283家，产量208万吨，分别占全国的35.6%、28.4%。

从草产品种类来看，主要有草捆、草块、草颗粒、草粉和青贮裹包等，产量分别为381.8万吨、56.9万吨、54.9万吨、26.5万吨和217.2万吨，占总量的51.8%、7.7%、7.4%、3.6%和29.5%，同比增长29.3%、18.8%、4.4%、6.5%和75.3%。从加工牧草种类来看，主要有紫花苜蓿、青贮专用玉米和燕麦，产量分别为259.1万吨、255.9万吨和78.1万吨，占总量的67.5%。

（三）草产品进口量持续稳定增长

随着人们物质文化生活水平的不断提高，对高档畜产品的需求量不断增加，导致对优质饲草需求量不断加大。2017年，我国进口草产品181.8万吨，同比增长8%；进口金额51 516万美元，同比下降1.5%。其中，进口苜蓿干草139.8万吨，占总进口量的76.9%，同比增长0.8%；进口金额总计42 342万美元，占总进口金额的82.2%，同比下降5.1%，增速较往年明显放缓，主要从美国进口。进口燕麦31万吨，占总进口的16.9%，同比增加38%，主要从澳大利亚进口。进口天然草11.1万吨，占总进口的6.1%，全部来自蒙古。

第二部分

草原保护与建设统计

2-1　全国及牧区半牧区草原保护与建设情况

指　标		单位	全国	牧区半牧区		
				合　计	牧区	半牧区
草原总面积		万亩	567544	350501	273194	77308
其中可利用面积		万亩	498353	315059	245639	69420
划定基本草原面积		万亩	384714	208773	162542	46231
当年划定基本草原面积		万亩	21678	14100	12320	1780
草原承包面积	累计	万亩	423179	249456	190688	58768
	承包到户	万亩	317182	187535	153430	34105
	承包到联户	万亩	98595	58263	36317	21946
	其他承包形式	万亩	7402	3658	941	2716
禁牧休牧轮牧	合计	万亩	243662	185582	144558	41024
	禁牧	万亩	138312	99081	71538	27542
	休牧	万亩	93706	83247	70495	12752
	轮牧	万亩	11645	3254	2525	729
围栏面积	累计	万亩	130697	111534	85846	25688
	当年新增	万亩	5251	3407	2665	742
改良面积	年末保留	万亩	26777	16536	11463	5074
	当年新增	万亩	2214	1137	767	370
草原鼠害	危害面积	万亩	42669	22512	17543	4969
	治理面积	万亩	11197	5547	4056	1491
草原虫害	危害面积	万亩	19440	10795	6658	4137
	治理面积	万亩	6573	3577	1905	1672
草原火灾面积		万亩	4.6	1.5	1.1	0.3
地方投资	财政投入	万元	133883	69181	43453	25727
	群众自筹	万元	95362	5423	726	4697
当年耕地种草面积		万亩	4025	1117	217	900
贮草情况	当年冬季贮草量	万吨	242091	14066	7071	6995
	当年青贮量	万吨	24928	13626	6618	7009
打井数量	累计	个	41410	41369	24408	16961
	当年打井数	个	5036	5020	2121	2899
草场灌溉面积		万亩	882	766	286	480
井灌面积		万亩	266	262	84	178
定居点牲畜棚圈面积		万平方米	5020	4282	1501	2781

2-2 各地区草原

地区	草原总面积	其中可利用面积	划定基本草原面积	当年划定基本草原面积	草原承包面积			
					累计	承包到户	承包到联户	其他承包形式
全国	**567544**	**498353**	**384714**	**21678**	**423179**	**317182**	**98595**	**7402**
北京	130	130						
天津	220	203						
河北	4266	3795	561		1792	297	1366	130
山西	6873	6363	63	32	758	489	269	
内蒙古	114803	114803	88369	730	102071	86615	15456	
辽宁	1548	1548	1247		1389	1349	22	18
吉林	6836	4936	235	73	1434	947	373	114
黑龙江	4109	2774	981	2	1566	984	545	38
江苏	69	57	2	2	15	6	3	7
安徽	1390	337			71	57	4	9
福建	756	578	24		3	3		
江西	6656	5735			363	240	60	63
山东	2457	1994			79	29		50
河南	5911	5406			1171	743	138	290
湖北	9357	7391			812	540	134	139
湖南	10223	8467			3162	2224	638	300
广东	1308	831			33	27	5	1
广西	13044	9739	15		343	198	26	120
海南	387	223			32	25	6	1
重庆	3188	2777			319	241	17	61
四川	30619	25961	21498	242	25961	19434	6455	72
贵州	3511	2720	397	8	1319	299	1007	13
云南	22966	17896	19375	141	17857	13155	4701	1
西藏	132302	115749	115220		102794	72633	30161	
陕西	7809	6524	1015	20	2790	1735	905	150
甘肃	26804	23934	25962	695	23951	20957	2993	
青海	54674	47435	48076		59861	50288	9573	
宁夏	4521	3856			2656	2283	301	72
新疆	86571	72586	59143	19734	67229	39815	21661	5753
兵团	4237	3606	2530		3348	1572	1776	

保护与建设情况

单位：万亩、万元、万吨、平方米

禁牧休牧轮牧				围栏面积		改良面积		草原鼠害	
合计	禁牧	休牧	轮牧	累计	当年新增	年末保留	当年新增	危害面积	治理面积
243662	**138312**	**93706**	**11645**	**130697**	**5251**	**26777**	**2214**	**42669**	**11197**
130	130								
3305	3238	6	61	916	55	109	39	385	302
4810	4094	483	233	187	4	364	71	595	203
101166	40124	61041		46262	1055	1270	104	5901	1706
1548	1548			702	1	59		421	264
1170	1136	22	11	596	109	252	40	301	193
1933	1929	2	2	432	63	338	24	288	182
40	17	3	20	5	1	10	1		
257	134	69	54	39	4	52	2		
100	100					7	0.3		
910	494	291	125	4	0.2	40	4		
350	117	56	177	61	10	208	12		
677	203	197	278	81	13	121	26		
15	3	3	8	2	0.2	9	2		
292	113	43	135	31	2	50	1		
129	37	49	43	31		5	0		
240	83	59	99	21	1	26	1		
17214	7000	8956	1259	13698	134	3488	145	4074	576
453	140	143	170	133	34	188	34		
7921	2731	1509	3681	1144	53	865	78		
22764	12938	9826		13438	1250	14491	1250	4500	3009
7809	7809			192	9	489	32	710	207
23873	9901	10876	3096	11393	370	827	124	5161	827
24542	24542			18782	1050	1357	109	12339	1285
3598	3598			2261	12			415	260
15313	15268	37	8	18933	994	2067	106	7204	1997
3103	885	36	2182	1352	30	86	9	375	186

2-2 各地区草原

地区	草原虫害		草原火灾面积	地方投资		当年耕地种草面积
	危害面积	治理面积		财政投入	群众自筹	
全国	**19440**	**6573**	**4.6**	**133883**	**95362**	**4025**
北京						
天津						
河北	497	331		2320	208	61
山西	437	128		170	228	121
内蒙古	7356	2475	3.2	1520	729	1133
辽宁	433	206	0.02	1656	2	2
吉林	190	108		8	42	48
黑龙江	320	163		12776	7476	1
江苏				2	330	14
安徽				1343	1680	23
福建					227	
江西				627	2739	61
山东						227
河南				673	301	31
湖北				2031	4104	77
湖南				7117	10852	81
广东				133	1176	10
广西				508	30923	35
海南				1000	1000	
重庆				1122	1608	32
四川	1192	358	0.6	33481	6282	542
贵州				11724	12337	651
云南				1100	6769	104
西藏	281	100		34514		
陕西	221	58		605	4698	135
甘肃	1839	450	0.1	2045	618	376
青海	1638	305	0.6	17251	452	142
宁夏	510	220		34	560	111
新疆	4204	1506	0.0			
兵团	322	165		122	21	6

保护与建设情况（续）

单位：万亩、万元、万吨、平方米

贮草情况		打井数量		草场灌溉面积	井灌面积	定居点牲畜棚圈面积
当年冬季贮草总量	当年青贮总量	累计	当年打井数			
242091	**24928**	**41410**	**5036**	**882**	**266**	**50200715**
201	168	34	12	4	2	2732280
12	3	15	3			26000
4032	6139	37065	4240	358	169	27308767
22	70	821	100	0.4	0.4	4240170
34	194	1587	674	249	78	317000
76	246	295		4	1	
1				0.2		
50						
4498	293			13		1630906
120062	10027			4	0.1	743300
16	1					1604480
736	876	1533	7			4777307
76	30			0.0		684000
54	23					3564032
5659	6807	60		250.7	16	629866
106561	51			0.2		1942608

2-3 各地区牧区半牧区

地区	草原总面积	其中可利用面积	划定基本草原面积	当年划定基本草原面积	草原承包面积			
					累计	承包到户	承包到联户	其他承包形式
全国	**350501**	**315059**	**208773**	**14100**	**249456**	**187535**	**58263**	**3658**
河北	1637	1478	483		1563	160	1359	44
山西	78	73	63	32	78	78		
内蒙古	106291	106291	87038	227	99555	84759	14796	
辽宁	755	755	624		753	735		18
吉林	921	660	228	69	654	398	256	
黑龙江	1089	1032	889		932	482	440	10
四川	23185	20173	20075	88	20683	14825	5806	52
云南	860	747	860		747	492	255	
西藏	94061	79822			11666		11666	
甘肃	18874	17082	18509		17082	15615	1467	
青海	50763	43985	44762		56412	48830	7582	
宁夏	1743	1446			1516	1469		47
新疆	50245	41513	35242	13685	37814	19692	14636	3487

地区	草原虫害		草原火灾面积	地方投资		当年耕地种草面积
	危害面积	治理面积		财政投入	群众自筹	
全国	**10795**	**3577**	**1.5**	**69181**	**5423**	**1117**
河北	210	140		2000	198	60
山西						3
内蒙古	6557	2153	0.1	1493	677	655
辽宁	213	97	0.1	1107		1
吉林	123	70		8	41	40
黑龙江	157	115		10507	3100	0
四川	1160	307	0.6	30449	1043	137
云南	30			5		10
西藏	58	28		5497		
甘肃	1211	277	0.1	1088	5	172
青海	940	321	0.7	17021	360	17
宁夏	137	71		5		22
新疆						

草原保护与建设情况

单位：万亩、万元、万吨、平方米

禁牧休牧轮牧				围栏面积		改良面积		草原鼠害	
合计	禁牧	休牧	轮牧	累计	当年新增	年末保留	当年新增	危害面积	治理面积
185582	**99081**	**83247**	**3254**	**111534**	**3407**	**16536**	**1137**	**22512**	**5547**
1629	1568		61	275	28	76	25	262	204
78	78			5	0	5	4		
98790	38962	59828		45793	1030	1163	89	5282	1537
755	755			419	1	35		237	156
656	656			327	100	178	27	158	101
1069	1069			347	52	247	20	235	192
16650	6807	8615	1228	13194	133	3370	144	4049	576
747	325	422		322		201	4	28	0
15148	10323	4825		7387	555	8143	555		
17082	5591	9527	1965	10679	320	618	73	3627	563
23563	23563			17611	885	1278	108	8503	2132
1528	1528			950	12			131	86
7885	7855	30		14225	292	1222	87		

贮草情况		打井数量		草场灌溉面积	井灌面积	定居点牲畜棚圈面积
当年冬季贮草总量	当年青贮总量	累计	当年打井数			
14066	**13626**	**41369**	**5020**	**766**	**262**	**42820297**
181	129	34	12	4	2	1929280
12	3	15	3			26000
3703	5652	37029	4224	355	166	24960927
22	70	821	100	0	0	4240170
33	154	1587	674	249	78	317000
76	246	295		4	1	
4420	291			13		1574840
11	0					404480
725	863	1533	7			4777307
68	20			0		564000
54	23					3564032
4760	6176	55		142	15	462262

2-4 各地区牧区草原

地区	草原总面积	其中可利用面积	划定基本草原面积	当年划定基本草原面积	草原承包面积			
					累计	承包到户	承包到联户	其他承包形式
全国	**273194**	**245639**	**162542**	**12320**	**190688**	**153430**	**36317**	**941**
内蒙古	85766	85766	72822		81241	71452	9789	
黑龙江	145	145	117		136	16	120	
四川	14702	12951	12840	45	13334	10997	2337	
西藏	78978	67189			6315		6315	
甘肃	12503	11424	12423		11424	10820	605	
青海	49051	42430	43334		54842	48106	6736	
宁夏	835	716			716	705		11
新疆	31214	25018	21006	12276	22680	11334	10416	930

地区	草原虫害		草原火灾面积	地方投资		当年耕地种草面积
	危害面积	治理面积		财政投入	群众自筹	
全国	**6658**	**1905**	**1.1**	**43453**	**726**	**217**
内蒙古	4338	1281		1346	466	147
黑龙江	20	15		1319		
四川	799	132	0.4	21578		42
西藏	58	28		2297		
甘肃	521	143		191		15
青海	881	291	0.7	16721	260	3
宁夏	40	16		2		10
新疆						

保护与建设情况

单位：万亩、万元、万吨、平方米

禁牧休牧轮牧				围栏面积		改良面积		草原鼠害	
合计	禁牧	休牧	轮牧	累计	当年新增	年末保留	当年新增	危害面积	治理面积
144558	**71538**	**70495**	**2525**	**85846**	**2665**	**11463**	**767**	**17543**	**4056**
80555	26351	54204		36700	950	784	67	3669	1035
145	145			96	10	30	2	30	28
11995	5364	5708	923	9113	127	2270	130	3475	446
11948	8483	3465		5602	400	6188	400		
11424	2705	7118	1602	7404	165	115	10	2377	387
23172	23172			17182	830	1251	107	7961	2132
716	716			502				30	28
4603	4603			9247	183	826	51		

贮草情况		打井数量		草场灌溉面积	井灌面积	定居点牲畜棚圈面积
当年冬季贮草总量	当年青贮总量	累计	当年打井数			
7071	**6618**	**24408**	**2121**	**286**	**84**	**15011465**
580	2786	24389	2121	178	80	9340017
10	33					
1627	0					164960
334	754					1487707
48	9					444000
15	15					3563840
4457	3021	19		108	4	10942

2-5 各地区半牧区

地区	草原总面积	其中可利用面积	划定基本草原面积	当年划定基本草原面积	草原承包面积			
					累计	承包到户	承包到联户	其他承包形式
全国	**77308**	**69420**	**46231**	**1780**	**58768**	**34105**	**21946**	**2716**
河北	1637	1478	483		1563	160	1359	44
山西	78	73	63	32	78	78		
内蒙古	20525	20525	14216	227	18314	13307	5007	
辽宁	755	755	624		753	735		18
吉林	921	660	228	69	654	398	256	
黑龙江	944	887	772		796	466	320	10
四川	8483	7222	7235	44	7350	3828	3470	52
云南	860	747	860		747	492	255	
西藏	15083	12633			5351		5351	
甘肃	6371	5658	6086		5658	4795	863	
青海	1712	1555	1428		1570	724	846	
宁夏	907	730			800	764		36
新疆	19032	16496	14236	1409	15135	8358	4220	2557

地区	草原虫害		草原火灾面积	地方投资		当年耕地种草面积
	危害面积	治理面积		财政投入	群众自筹	
全国	**4137**	**1672**	**0.35**	**25727**	**4697**	**900**
河北	210	140		2000	198	60
山西						3
内蒙古	2218	871	0.07	147	210	508
辽宁	213	97		1107		1
吉林	123	70	0.06	8	41	40
黑龙江	137	100		9189	3100	0
四川	361	175	0.21	8871	1043	95
云南	30			5		10
西藏				3200		
甘肃	690	135		897	5	157
青海	59	30	0.01	300	100	14
宁夏	97	55		3		12
新疆						

草原保护与建设情况

单位：万亩、万元、万吨、平方米

禁牧休牧轮牧				围栏面积		改良面积		草原鼠害	
合计	禁牧	休牧	轮牧	累计	当年新增	年末保留	当年新增	危害面积	治理面积
41024	**27542**	**12752**	**729**	**25688**	**742**	**5074**	**370**	**4969**	**1491**
1629	1568		61	275	28	76	25	262	204
78	78			5	0	5	4		
18235	12611	5624		9093	80	379	22	1613	503
755	755			419	1	35	0	237	156
656	656			327	100	178	27	158	101
924	924			251	42	217	18	205	164
4655	1443	2907	305	4081	6	1100	14	574	130
747	325	422		322		201	4	28	0
3200	1840	1360		1785	155	1955	155		
5658	2886	2409	363	3275	155	503	63	1250	176
391	391			429	55	27	1	542	
812	812			448	12			101	58
3282	3252	30		4978	109	397	36		

贮草情况		打井数量		草场灌溉面积	井灌面积	定居点牲畜棚圈面积
当年冬季贮草总量	当年青贮总量	累计	当年打井数			
6995	**7009**	**16961**	**2899**	**480**	**178**	**27808832**
181	129	34	12	4	2	1929280
12	3	15	3			26000
3123	2866	12640	2103	178	86	15620910
22	70	821	100	0	0	4240170
33	154	1587	674	249	78	317000
66	212	295		4	1	
2793	291			13		1409880
11	0					404480
391	109	1533	7			3289600
20	11					120000
39	8					192
303	3155	36		33	11	451320

第三部分

草 业 生 产 统 计

一、牧草种植与草种生产情况

3-1　全国及牧区半牧区牧草种植与草种生产情况

指标			单位	全国	牧区半牧区	牧区	半牧区
年末保留种草面积	合计		万亩	29557	15346	7822	7525
	人工种草		万亩	18034	6992	2578	4414
	改良种草		万亩	10711	7652	4896	2756
	飞播种草		万亩	812	703	348	354
当年新增种草面积	合计		万亩	9174	4060	1469	2591
	一年生牧草		万亩	6699	2697	627	2070
	多年生牧草	小计	万亩	2474	1362	842	521
		人工种草	万亩	1523	726	394	332
		改良种草	万亩	918	610	434	176
		飞播种草	万亩	34	25	13	12
牧草种子田面积			万亩	146	86	44	42
种子产量	合计		吨	98877	52611	28400	24211
	多年生		吨	40959	21412	15038	6374
	一年生		吨	57918	31199	13362	17837
秸秆产量			吨	375783357	62605935	2884074	59721860
秸秆饲用量			吨	102177571	23920862	1284684	22636178
秸秆加工饲用量			吨	50532446	14624207	603503	14020705
其他农副资源饲用量			吨	7400293	607167	52600	554567

3-2 各地区牧草种植

地区	年末保留种草面积				当年新增种草面积					
	合计	人工种草	改良种草	飞播种草	合计	一年生牧草	多年生牧草			
							小计	人工种草	改良种草	飞播种草
总计	**29557**	**18034**	**10711**	**812**	**9174**	**6699**	**2474**	**1523**	**918**	**34**
天津	8.5	8.5			3.9	3.5	0.5	0.5		
河北	323.2	271.0	31.7	20.5	171.9	117.7	54.1	22.0	24.5	7.7
山西	589.1	460.2	128.8		219.0	165.1	53.9	49.7	4.2	
内蒙古	5525.3	4332.6	762.9	429.8	2682.3	2213.0	469.3	318.8	137.5	13.0
辽宁	759.4	217.4	542.0		117.3	94.5	22.8	9.4	13.4	
吉林	494.5	298.4	196.1		235.6	163.4	72.2	32.9	39.3	
黑龙江	592.8	363.1	229.8		271.7	228.3	43.4	19.2	24.2	
江苏	28.0	28.0			24.5	22.7	1.8	1.8		
安徽	114.7	103.8	11.0		97.1	92.4	4.7	3.9	0.8	
福建	48.3	48.3			30.9	25.2	5.8	5.8		
江西	269.1	238.1	31.0		158.9	148.9	10.0	8.7	1.3	
山东	240.4	228.4	10.0	2.0	221.3	219.1	2.2	2.2		
河南	129.1	120.6	4.6	4.0	105.5	96.5	9.0	6.8	2.2	
湖北	299.7	202.4	95.8	1.5	98.6	82.6	16.0	13.1	2.9	
湖南	1351.5	1223.8	77.8	49.9	123.7	91.4	32.3	20.9	10.5	0.9
广东	59.2	57.8	1.3		35.6	28.0	7.6	7.0	0.6	
广西	155.7	115.3	38.7	1.8	36.7	27.0	9.8	8.8	1.0	
海南	18.3	18.3			3.6	2.6	1.0	1.0		
重庆	117.2	101.0	16.2		58.9	52.3	6.7	5.9	0.8	
四川	4313.0	1486.0	2798.1	28.9	915.9	659.6	256.3	141.5	114.7	
贵州	454.0	335.7	118.2		197.6	130.6	67.1	41.6	25.5	
云南	2164.9	1279.2	861.2	24.5	489.4	296.1	193.4	116.5	76.8	
西藏	321.2	145.4	175.8		41.2	28.6	12.6	12.6		
陕西	1337.3	1023.2	312.2	2.0	202.7	127.7	75.1	59.3	15.8	
甘肃	3839.5	2421.8	1405.6	12.1	1058.9	438.4	620.4	326.5	287.7	6.3
青海	2138.5	775.5	1361.0	2.0	455.9	247.6	208.3	99.1	109.2	
宁夏	1077.3	711.7	365.6		219.5	186.5	33.1	21.1	12.0	
新疆	2541.2	1266.5	1041.7	233.0	848.1	679.8	168.4	152.3	10.1	6.0
新疆兵团	227.1	136.6	90.5		45.6	30.6	15.0	12.0	3.0	
黑龙江农垦	19.3	15.3	4.0		1.8		1.8	1.8		

与草种生产情况

单位：万亩、吨

牧草种子田面积	种子产量			秸秆产量	秸秆饲用量	秸秆加工饲用量	其他农副资源饲用量
	合计	多年生	一年生				
146	**98877**	**40959**	**57918**	**375783357**	**102177571**	**50532446**	**7400293**
0.6	137	47	90	3193212	1427281	701595	
				459246	166191	36065	15202
14.1	7997	6997	1000	25372168	16040492	9393870	84327
				6356950	2532000	1841300	
3.3	410	410		35904296	8899671	4961203	527535
1.2	208	208		64217294	12535027	4469012	1758313
				18963740	1145030	543977	235460
0.2	200		200	31552199	4934426	3304960	42300
				104590	103690	103090	
0.1	70		70	1685404	180785	57092	15712
0.7	158	158		21967298	6199246	2245526	192036
0.0	21	21		60070756	14238430	6549338	118620
0.6	269	80	190	6284835	1908317	842319	65602
8.6	3380	260	3120	22873691	3092233	432741	43874
				1738737	487216	130719	47155
				5941360	855891	143862	468364
1.0	13	13					
0.0	3	3		4664059	714028	200830	498236
12.5	7157	28	7129	9892641	2608886	1033943	345640
2.6	14363	7040	7323	12462566	3729979	1552649	119375
0.7	279	49	230	13624490	7325437	3267514	2103478
1.0	1560	1560					
3.8	1306	1123	183	4751396	2240538	1429443	73958
54.2	32337	10587	21750	12294364	7732845	6235147	405500
23.4	16772	10564	6208	665099	325753	137806	3200
12.8	10841	416	10425	3242908	2271649	779974	
3.8	1016	1016		83909	76725	72	
0.8	382	382		589849	241735	60599	167577
				6826301	164067	77800	68830

3-3 各地区牧区半牧区牧草

地区	年末保留种草面积				当年新增种草面积					
	合计	人工种草	改良种草	飞播种草	合计	一年生牧草	多年生牧草			
							小计	人工种草	改良种草	飞播种草
合计	**15346**	**6992**	**7652**	**703**	**4060**	**2697**	**1362**	**726**	**610**	**25**
河北	219	184	21	15	125	92	33	12	15	6
山西	10	10			2	2				
内蒙古	4426	3255	743	428	1922	1537	385	250	122	13
辽宁	446	80	366		41	26	15	4	11	
吉林	352	185	167		126	70	56	29	27	
黑龙江	426	196	230		140	101	39	14	24	
四川	3535	817	2696	22	511	295	216	101	115	
云南	318	117	201		30	17	13	9	4	
西藏	78	38	40		8	6	2	2		
甘肃	1923	739	1176	8	416	133	283	111	166	6
青海	1846	566	1278	2	313	107	206	98	108	
宁夏	470	214	257		57	43	15	5	10	
新疆	1297	592	479	227	368	270	99	90	9	

3-4 各地区牧区牧草种植

地区	年末保留种草面积				当年新增种草面积					
	合计	人工种草	改良种草	飞播种草	合计	一年生牧草	多年生牧草			
							小计	人工种草	改良种草	飞播种草
合计	**7822**	**2578**	**4896**	**348**	**1469**	**627**	**842**	**394**	**434**	**13**
内蒙古	2133	1210	601	322	590	337	254	136	105	13
黑龙江	97	26	72		19	15	5	3	2	
四川	2294	389	1883	22	291	95	196	90	106	
西藏	52	23	29		3	3	1	1	0	
甘肃	787	105	680	2	150	36	114	14	101	
青海	1781	529	1251	2	286	82	204	97	107	
宁夏	245	73	172		20	15	5		5	
新疆	433	224	209		109	46	63	55	9	

种植与草种生产情况

单位:万亩、吨

牧草种子田面积	种子产量			秸秆产量	秸秆饲用量	秸秆加工饲用量	其他农副资源饲用量
	合计	多年生	一年生				
86	**52611**	**21412**	**31199**	**62605935**	**23920862**	**14624207**	**607167**
0.6	137	47	90	260000	198500	39200	
				5074	5074		
10.4	6571	5971	600	20262086	12543685	7659590	63327
				3937950	1651000	1325400	
2.4	282	282		11140000	2489000	2247600	10000
0.9	190	190		21368572	4313880	2043979	369560
12.5	7153	24	7129	2826867	696070	26820	60000
				150914	124130	15178	9370
25.9	21296	3444	17852	2319754	1636917	1266428	93710
21.4	12092	10564	1528	173703	101591		1200
8.0	4000		4000	161015	161014	13	
3.4	889	889					

与草种生产情况

单位：万亩、吨

牧草种子田面积	种子产量			秸秆产量	秸秆饲用量	秸秆加工饲用量	其他农副资源饲用量
	合计	多年生	一年生				
44	**28400**	**15038**	**13362**	**2884074**	**1284684**	**603503**	**52600**
3.6	4216	4216		1263936	956455	474690	52600
				1341745	72000		
3.8	1886	24	1862	24845	17473		
8.0	8850	1350	7500	172600	160340	128800	
16.8	8560	8560		80933	78401		
8.0	4000		4000	15	14	13	
3.4	889	889					

3-5 各地区半牧区牧草

地区	年末保留种草面积				当年新增种草面积					
	合计	人工种草	改良种草	飞播种草	合计	一年生牧草	多年生牧草			
							小计	人工种草	改良种草	飞播种草
合计	**7525**	**4414**	**2756**	**354**	**2591**	**2070**	**521**	**332**	**176**	**12**
河北	219	184	21	15	125	92	33	12	15	6
山西	10	10			2	2				
内蒙古	2294	2045	143	106	1331	1200	132	115	17	
辽宁	446	80	366		41	26	15	4	11	
吉林	352	185	167		126	70	56	29	27	
黑龙江	328	170	158		120	86	34	12	22	
四川	1241	428	813		220	200	20	11	9	
云南	318	117	201		30	17	13	9	4	
西藏	26	15	11		5	4	1	1		
甘肃	1136	634	495	6	266	97	169	98	65	6
青海	65	38	27		27	25	2	1	1	
宁夏	225	140	85		37	27	10	5	5	
新疆	865	368	270	227	259	224	36	36		

种植与草种生产情况

单位：万亩、吨

牧草种子田面积	种子产量			秸秆产量	秸秆饲用量	秸秆加工饲用量	其他农副资源饲用量
	合计	多年生	一年生				
42	**24211**	**6374**	**17837**	**59721860**	**22636178**	**14020705**	**554567**
1	137	47	90	260000	198500	39200	
				5074	5074		
7	2355	1755	600	18998150	11587230	7184900	10727
				3937950	1651000	1325400	
2	282	282		11140000	2489000	2247600	10000
1	190	190		20026827	4241880	2043979	369560
9	5267		5267	2802022	678597	26820	60000
				150914	124130	15178	9370
18	12446	2094	10352	2147154	1476577	1137628	93710
5	3532	2004	1528	92770	23190		1200
				161000	161000		

二、多年牧草生产情况

3-6 2007—2017年全国多年生牧草

牧草类型	牧草种类	2007年	2008年	2009年	2010年
全　国	**合　计**	**28382**	**24710**	**23088**	**25209**
多年生草本	小　计	21792.0	18973.0	18684.0	21173.3
	冰草	209.8	114.8	186.0	216.9
	串叶松香草	11.3	12.8	11.9	5.4
	多年生黑麦草	788.6	746.0	1000.9	1010.8
	狗尾草（多年生）	1.9	3.6	57.8	59.0
	红豆草	195.3	206.9	278.6	189.0
	胡枝子	15.1	10.5	8.2	12.7
	碱茅	94.0	103.0	106.6	49.7
	菊苣	11.0	25.4	67.0	67.5
	聚合草	35.5	35.3	4.2	8.9
	狼尾草（多年生）	167.7	171.8	224.3	294.9
	老芒麦	1050.8	1031.4	985.5	1061.8
	猫尾草	48.6	48.6	53.9	29.0
	牛鞭草	5.3	9.3	15.2	21.7
	披碱草	1612.2	1665.0	2525.7	4558.0
	雀稗	33.8	32.1	32.5	34.4
	三叶草	410.0	477.2	666.3	744.5
	沙打旺	4027.1	3075.4	2049.4	2035.8
	苇状羊茅	67.8	69.7	66.2	54.0
	无芒雀麦	1835.2	332.2	298.8	63.3
	鸭茅	616.3	712.7	180.7	199.7
	羊草	1685.6	1720.7	1737.2	1874.8
	羊柴	90.0	50.6	121.6	162.6
	野豌豆	6.7	6.7	3.0	25.7
	圆叶决明	0.8	0.8	0.4	1.8
	杂交酸模	5.2	3.8	1.6	0.9
	早熟禾			41.8	5.4
	柱花草	34.0	37.5	15.4	12.8
	紫花苜蓿	5738.5	5657.8	5496.6	6117.7
	其他多年生牧草	2994.0	2611.4	2447.0	2254.5
灌木或半灌木	小　计	6590.1	5737.0	4404.0	4035.6
	柠条	3960.5	3315.7	2588.1	2562.9
	沙蒿	2583.4	2374.3	1792.3	1462.6
	银合欢	11.6	10.5	6.0	4.5
	任豆树	26.3	27.4	13.2	0.7
	木豆	1.0	0.5	4.1	2.9
	多花木兰	7.5	8.5	0.3	2.0
	木本蛋白饲料				

分种类年末保留种植面积情况

单位：万亩

2011 年	2012 年	2013 年	2014 年	2015 年	2016 年	2017 年
22286	**23225**	**24415**	**25840**	**27171.8**	**24323.2**	**22857.8**
18671.4	19339.9	20734.0	22262.8	23354.9	21561.8	20493.0
377.4	379.9	307.6	496.3	525.9	568.3	431.0
6.1	8.1	5.4	4.5	3.8	3.9	2.7
1122.3	1346.9	1231.2	1220.7	1333.0	1817.4	2249.1
62.6	65.5	70.8	78.5	79.6	86.3	104.9
281.8	295.6	376.3	421.5	481.8	384.0	376.5
8.3	11.7	5.4	21.2	38.9	38.1	6.5
66.6	45.0	24.0	11.0	42.7	30.8	11.5
72.8	67.3	63.2	61.5	75.5	63.0	79.5
9.6	5.4	6.1	5.9	5.2	5.2	3.7
239.7	261.8	308.2	328.5	357.5	377.1	321.6
972.0	1318.6	1680.6	1450.6	1372.6	1346.4	1366.5
31.1	28.8	14.1	13.8	13.6	16.1	11.8
22.9	23.3	24.6	25.8	26.1	23.2	33.2
2993.2	3338.2	4113.6	4922.0	6446.1	4648.8	5006.9
31.8	28.9	33.4	32.9	21.7	26.3	27.7
657.8	787.5	697.0	665.2	672.2	759.1	442.4
1232.5	1221.5	1241.2	1357.0	1198.5	1126.1	794.8
45.4	46.2	34.5	44.8	25.7	23.2	20.7
58.0	23.5	33.5	36.2	38.1	35.0	65.6
281.3	423.2	492.5	564.3	613.1	706.2	503.1
1898.4	1224.5	962.0	1047.4	828.8	630.2	516.0
406.8	219.5	393.2	368.3	344.9	326.4	256.5
25.2	6.4	3.5	0.5	0.3	0.3	
1.3	1.3	1.3	0.1			0.1
0.9	0.6	0.7	0.4	0.4	0.4	0.4
65.6	60.1	53.0	59.7	79.9	87.0	73.5
13.5	10.4	10.9	21.6	9.8	10.4	10.4
5662.1	6250.3	7447.9	7117.2	7066.6	6562.0	6225.2
2024.3	1840.0	1098.5	1885.7	1652.8	1860.6	1551.2
3615.1	3885.6	3680.9	3577.1	3816.9	2761.4	2364.8
2955.2	3162.3	3054.4	2983.1	3205.4	2224.1	1895.8
650.8	707.5	610.6	579.6	596.9	516.6	438.5
4.7	4.7	5.5	3.7	5.6	5.9	4.7
0.0		0.1	0.1	3.4	8.4	4.0
2.3	2.5	2.4	2.7	3.4	4.6	7.6
2.0	8.6	7.9	7.9	2.1	1.8	1.0
						13.1

3-7 各地区分种类

地区	牧草种类	年末种草保留面积			
		合计	人工种草	改良种草	飞播种草
全国		**22858**	**11344**	**10703**	**810**
天津		5.0	5.0		
	紫花苜蓿	5.0	5.0		
河北		205.4	153.3	31.7	20.5
	冰草	5.5		2.5	3.0
	胡枝子	2.0		2.0	
	老芒麦	16.1	1.0	11.1	4.0
	披碱草	50.6	35.1	11.5	4.0
	其他多年生牧草	6.7	6.7		
	沙打旺	12.2	2.5	0.2	9.5
	无芒雀麦	20.3	20.3		
	紫花苜蓿	92.1	87.7	4.4	
山西		424.0	295.1	128.8	
	柠条	124.3	29.6	94.7	
	其他多年生牧草	0.7	0.7		
	沙打旺	6.7	3.9	2.8	
	鸭茅	0.1		0.1	
	紫花苜蓿	292.1	260.9	31.2	
内蒙古		3312.4	2119.6	762.9	429.8
	冰草	36.8	17.3	19.5	
	老芒麦	10.9	10.9		
	猫尾草	0.2	0.2		
	柠条	1521.4	923.8	424.9	172.7
	披碱草	128.8	82.2	46.6	
	其他多年生牧草	296.0	182.7	113.3	
	沙打旺	39.9	27.4	1.0	11.5
	沙蒿	191.5	1.5	60.3	129.7

多年生牧草生产情况

单位：万亩、公斤/亩、吨

当年新增种草面积				平均产量	总产量	青贮量
合计	人工种草	改良种草	飞播种草			
2474	**1523**	**918**	**34**	**395**	**90311166**	**4131642**
0.5	0.5			630	31487	42301
0.5	0.5			630	31487	42301
54.1	22.0	24.5	7.7	295	605855	13143
5.5		2.5	3.0	175	9625	
2.0		2.0		300	6000	
9.1	1.0	8.1		192	30980	
17.1	8.2	8.9		228	115220	
0.3	0.3			270	18085	
5.7	1.0		4.7	233	28399	
4.0	4.0			140	28406	
10.5	7.5	3.0		401	369140	13143
53.9	49.7	4.2		373	1579424	19140
1.7	0.7	1.0		99	122565	
0.5	0.5			480	3360	
3.0	3.0	0.0		319	21436	3
				50	50	
48.7	45.5	3.2		490	1432013	19137
469.3	318.8	137.5	13.0	177	5859099	128397
9.4	0.4	9.0		90	33251	
				89	9663	
				240	360	
84.4	66.5	11.9	6.0	149	2261125	
52.3	7.2	45.2		164	211363	
119.6	84.5	35.1		177	525102	
4.8	2.8	1.0	1.0	262	104863	
4.2		0.3	3.9	81	155280	

3-7 各地区分种类

地区	牧草种类	年末种草保留面积			
		合计	人工种草	改良种草	飞播种草
	无芒雀麦	1.3	1.3		
	羊草	20.5	0.3	20.2	
	羊柴	250.5	70.6	64.0	115.9
	紫花苜蓿	814.6	801.4	13.2	
辽宁		664.9	122.9	542.0	
	冰草	3.2		3.2	
	串叶松香草	0.3	0.3		
	胡枝子	4.2	0.5	3.7	
	菊苣	0.2	0.2		
	聚合草	0.9	0.9		
	柠条	83.4	4.2	79.2	
	披碱草	29.9		29.9	
	其他多年生牧草	121.6	9.7	111.9	
	沙打旺	241.2	20.1	221.1	
	沙蒿	0.3		0.3	
	羊草	12.0	0.3	11.8	
	紫花苜蓿	167.6	86.8	80.8	
吉林		331.1	135.0	196.1	
	碱茅	11.0	11.0		
	其他多年生牧草	26.7	13.7	13.0	
	无芒雀麦	14.8	0.1	14.6	
	羊草	198.6	80.4	118.3	
	紫花苜蓿	80.0	29.8	50.2	
黑龙江		364.5	134.8	229.8	
	披碱草	14.1	11.0	3.2	
	其他多年生牧草	1.0	1.0		
	无芒雀麦	1.0	1.0		
	羊草	280.0	53.4	226.6	

多年生牧草生产情况（续）

单位：万亩、公斤/亩、吨

当年新增种草面积				平均产量	总产量	青贮量
合计	人工种草	改良种草	飞播种草			
0.2	0.2			108	1390	
20.0		20.0		22	4594	
4.7	0.6	2.0	2.1	97	242675	
169.7	156.7	13.0		284	2309433	128397
22.8	9.4	13.4		227	1508130	
				200	6400	
				2000	5800	
				136	5764	
				800	1200	
				1532	14400	
0.1		0.1		66	55027	
				107	32060	
5.9	0.3	5.6		146	177393	
8.0	1.5	6.5		238	574859	
				550	1870	
				305	36751	
8.7	7.6	1.1		356	596606	
72.2	32.9	39.3		103	340205	1800
				70	7700	
10.0	10.0			34	9010	
6.4		6.4		300	44310	
42.7	13.0	29.7		62	122328	
13.1	9.9	3.2		196	156857	1800
43.4	19.2	24.2		166	606243	353377
1.8	0.4	1.5		161	22745	2500
1.0	1.0			549	5540	7147
0.0	0.0			350	3623	
34.0	11.3	22.8		126	352415	228000

3-7 各地区分种类

地区	牧草种类	年末种草保留面积			
		合计	人工种草	改良种草	飞播种草
	紫花苜蓿	68.4	68.4		
江 苏		5.3	5.3		
	白三叶	1.4	1.4		
	多年生黑麦草	0.8	0.8		
	菊苣	0.5	0.5		
	狼尾草	0.0	0.0		
	其他多年生牧草	0.1	0.1		
	紫花苜蓿	2.4	2.4		
安 徽		22.3	12.3	10.1	
	白三叶	5.7	0.9	4.8	
	多年生黑麦草	1.8	1.2	0.6	
	狗尾草	0.7		0.7	
	狗牙根	0.8		0.8	
	菊苣	2.7	2.7		
	其他多年生牧草	0.2	0.0	0.2	
	苇状羊茅	3.0		3.0	
	鸭茅	0.9	0.9		
	紫花苜蓿	6.5	6.5		
福 建		23.1	23.1		
	杂交狼尾草	8.6	8.6		
	多年生黑麦草	1.3	1.3		
	象草	0.2	0.2		
	雀稗	1.6	1.6		
	狗尾草	0.5	0.5		
	猫尾草	0.3	0.3		
	紫花苜蓿	0.1	0.1		
	胡枝子	0.3	0.3		
	其他多年生牧草	10.1	10.1		

多年生牧草生产情况（续）

单位：万亩、公斤/亩、吨

当年新增种草面积				平均产量	总产量	青贮量
合计	人工种草	改良种草	飞播种草			
6.6	6.6			325	221921	115730
1.8	1.8			844	44488	5334
0.3	0.3			660	9098	180
0.1	0.1			987	7402	200
0.4	0.4			934	4755	4200
0.0	0.0			1474	663	
0.1	0.1			712	1004	450
0.9	0.9			881	21567	304
4.7	3.9	0.8		393	87706	38956
0.2		0.2		226	12920	
0.4	0.4			541	9880	89
0.1		0.1		357	2500	
0.1		0.1		100	800	80
0.6	0.6			421	11340	200
0.0				140	324	
0.4		0.4		190	5600	200
0.0				200	1800	
2.9	2.9			655	42542	38387
5.8	5.8			1070	247556	25300
1.5	1.5			958	82341	25300
0.6	0.6			1308	17492	
0.2	0.2			4724	11385	
0.5	0.5			958	15333	
0.0	0.0			167	833	
				500	1500	
				318	413	
				833	2500	
2.9	2.9			1143	115758	

3-7 各地区分种类

地 区	牧草种类	年末种草保留面积			
		合计	人工种草	改良种草	飞播种草
江 西		120.3	89.3	31.0	
	白三叶	4.0	1.1	2.9	
	串叶松香草	0.1	0.1		
	多年生黑麦草	0.0	0.0		
	狗牙根	1.0		1.0	
	红三叶	1.1		1.1	
	菊苣	0.9	0.9		
	狼尾草	91.9	84.8	7.2	
	其他多年生牧草	1.7	0.8	0.8	
	雀稗	11.4	0.9	10.5	
	苇状羊茅	2.6		2.6	
	鸭茅	5.1	0.2	4.9	
	早熟禾	0.5	0.5		
	紫花苜蓿	0.1	0.1		
山 东		21.3	9.4	10.0	2.0
	多年生黑麦草	0.0	0.0		
	木本蛋白饲料	0.7	0.7		
	其他多年生牧草	3.8	0.4	3.5	
	紫花苜蓿	16.8	8.3	6.5	2.0
河 南		32.6	24.0	4.6	4.0
	白三叶	1.1	1.0	0.1	
	多年生黑麦草	5.1	1.5	3.6	
	狗牙根	0.4	0.4		
	红三叶	0.2	0.2		
	狼尾草	0.4	0.4		
	木本蛋白饲料	1.4	1.4		
	其他多年生牧草	0.3	0.3		

多年生牧草生产情况（续）

单位：万亩、公斤/亩、吨

当年新增种草面积				平均产量	总产量	青贮量
合计	人工种草	改良种草	飞播种草			
10.0	8.7	1.3		1340	1611630	682932
0.3		0.3		427	17005	
				1400	980	
0.0	0.0			450	144	
1.0		1.0		370	3700	
				600	6480	
0.0	0.0			765	7035	
7.4	7.4	0.0		1601	1471987	682482
0.8	0.8	0.0		892	14770	450
				463	52649	
				425	11044	
0.0		0.0		466	23556	
0.5	0.5			320	1440	
				700	840	
2.2	2.2			604	128744	32080
				508	86	
0.5	0.5			763	5342	11140
0.3	0.3			1393	53200	
1.4	1.4			418	70116	20940
9.0	6.8	2.2		710	231440	62995
0.2	0.2	0.0		483	5152	
2.6	0.9	1.8		680	34698	5600
0.2	0.2			516	2167	
				490	784	
0.3	0.3			800	3210	1200
1.2	1.2			709	10004	34510
0.3	0.3			800	2400	

3-7 各地区分种类

地 区	牧草种类	年末种草保留面积			
		合计	人工种草	改良种草	飞播种草
	沙打旺	0.2	0.2		
	紫花苜蓿	23.6	18.6	1.0	4.0
湖 北		217.1	119.8	95.8	1.5
	白三叶	41.6	15.1	25.9	0.5
	多花木兰	0.0	0.0		
	多年生黑麦草	84.9	63.8	21.1	
	狗尾草	0.4	0.4		
	红三叶	45.1	14.9	29.3	1.0
	菊苣	0.1	0.1		
	狼尾草	1.7	1.7		
	牛鞭草	0.1	0.1		
	其他多年生牧草	15.5	4.3	11.2	
	苇状羊茅	1.1	0.1	1.0	
	鸭茅	8.9	2.8	6.1	
	杂交酸模	0.1	0.1		
	早熟禾	0.1	0.1		
	紫花苜蓿	17.5	16.3	1.2	
湖 南		1260.1	1132.4	77.8	49.9
	白三叶	20.5	10.9	9.3	0.4
	串叶松香草	1.7	1.7		
	多年生黑麦草	1117.7	1038.5	30.5	48.7
	狗尾草	5.3	4.0	0.7	0.6
	菊苣	0.6	0.6		
	狼尾草	55.9	43.6	12.1	0.1
	老芒麦	2.0		2.0	
	木本蛋白饲料	1.6	1.4	0.2	
	牛鞭草	12.9	11.1	1.7	0.1
	其他多年生牧草	31.3	11.7	19.6	

多年生牧草生产情况（续）

单位：万亩、公斤/亩、吨

当年新增种草面积				平均产量	总产量	青贮量
合计	人工种草	改良种草	飞播种草			
				550	880	
4.1	3.7	0.4		730	172144	21685
16.0	13.1	2.9		1476	3205183	241289
0.8	0.6	0.2		1471	611149	16720
				2300	460	
9.1	7.4	1.7		1454	1234711	142282
0.0	0.0			1150	4935	
1.7	1.4	0.3		1787	806753	5800
0.0	0.0			2440	3440	
0.0	0.0			517	8730	320
0.0				2000	2200	
0.6	0.1	0.5		1377	213120	59800
0.1	0.1			669	7020	
1.2	1.1	0.1		1202	107087	1250
				3000	3000	
0.0	0.0			600	300	
2.4	2.3	0.1		1153	202279	15116
32.3	20.9	10.5	0.9	326	4110258	468925
1.9	1.1	0.8	0.0	927	190357	7531
0.1	0.1			2447	41600	200
12.7	6.5	5.4	0.9	136	1514837	61444
0.6	0.5	0.1		2036	107864	8500
0.5	0.5			2255	12400	
6.9	6.2	0.7	0.0	2310	1289969	264088
0.5		0.5		1500	30000	15
0.5	0.5			1475	23600	15
1.5	1.0	0.5		2167	279236	7070
3.1	0.8	2.3		1567	490802	69634

3-7 各地区分种类

地区	牧草种类	年末种草保留面积			
		合计	人工种草	改良种草	飞播种草
	苇状羊茅	0.1		0.1	
	鸭茅	2.3	0.7	1.6	
	紫花苜蓿	8.2	8.2		
广　东		31.2	29.9	1.3	
	狗尾草	1.0	1.0		
	狼尾草	24.8	23.5	1.3	
	其他多年生牧草	2.0	2.0	0.0	
	柱花草	3.4	3.4		
广　西		128.7	93.3	35.3	0.1
	白三叶	6.7	5.0	1.7	
	多年生黑麦草	21.2	5.8	15.3	
	狗尾草	9.4	3.2	6.2	
	红三叶	0.2		0.2	
	菊苣	1.9	1.9		
	狼尾草	75.0	75.0		
	木本蛋白饲料	0.1	0.1		
	木豆	1.0	0.3	0.7	
	其他多年生牧草	1.0	0.2	0.7	
	旗草	0.0	0.0		
	雀稗	2.4		2.4	0.1
	任豆树	4.0		4.0	
	银合欢	3.9	0.2	3.7	
	圆叶决明	0.1	0.1		
	柱花草	1.5	1.2	0.3	
	紫花苜蓿	0.3	0.3		
海　南		15.7	15.7		
	狗尾草	1.7	1.7		
	其他多年生牧草	13.1	13.1		

多年生牧草生产情况（续）

单位：万亩、公斤/亩、吨

当年新增种草面积				平均产量	总产量	青贮量
合计	人工种草	改良种草	飞播种草			
0.0		0.0		1084	1084	
0.4	0.1	0.3		1191	27625	
3.7	3.7			1224	100884	50428
7.6	7.0	0.6		1817	566422	37723
				958	9580	
6.7	6.1	0.6		2049	507374	37703
0.8	0.8			869	17302	20
0.1	0.1			943	32166	
9.8	8.9	0.9		1191	1533205	107594
0.1	0.1			445	29910	
0.4	0.0	0.4		560	118415	1000
0.0	0.0			877	82683	800
				500	1000	
0.0	0.0			731	13593	40
8.3	8.3			1599	1199369	102850
				700	840	
0.0	0.0			721	7518	1000
0.5	0.0	0.5		627	6107	419
				900	81	
0.0		0.0		588	14340	
				600	23930	
0.2	0.2	0.0		556	21785	1210
0.0	0.0			800	416	
0.0	0.0			764	11190	5
0.1	0.1			661	2030	270
1.0	1.0			1289	202884	1000
				1	9	
1.0	1.0			1457	191255	1000

3–7 各地区分种类

地区	牧草种类	年末种草保留面积			
		合计	人工种草	改良种草	飞播种草
	羊草	0.8	0.8		
	柱花草	0.1	0.1		
重庆		64.9	48.7	16.2	
	白三叶	20.6	10.4	10.2	
	串叶松香草	0.6	0.6		
	多年生黑麦草	16.5	14.1	2.4	
	狗尾草	0.5	0.5		
	红三叶	8.4	6.3	2.1	
	菊苣	1.4	1.1	0.3	
	聚合草	1.0	1.0		
	狼尾草	5.6	5.6		
	牛鞭草	1.4	1.4		
	其他多年生牧草	0.5	0.5		
	苇状羊茅	2.5	2.3	0.2	
	鸭茅	1.1	0.7	0.5	
	杂交酸模	0.1	0.1		
	紫花苜蓿	4.5	4.0	0.5	
四川		3653.4	826.4	2798.1	28.9
	白三叶	28.5	24.4	2.3	1.8
	多年生黑麦草	234.8	225.7	5.6	3.6
	狗尾草	0.0	0.0		
	红豆草	17.6	17.6		
	红三叶	1.4	1.4		
	菊苣	19.6	18.3	1.4	
	聚合草	1.1	1.1		
	狼尾草	36.6	36.6	0.1	
	老芒麦	748.9	138.1	610.8	
	木本蛋白饲料	5.3	5.3		

多年生牧草生产情况（续）

单位：万亩、公斤/亩、吨

当年新增种草面积				平均产量	总产量	青贮量
合计	人工种草	改良种草	飞播种草			
				1350	11070	
				1100	550	
6.7	5.9	0.8		836	542823	89471
0.8	0.4	0.4		473	97183	30
				799	5091	
1.8	1.7	0.1		819	135267	3250
				1000	5300	
0.4	0.2	0.1		654	55161	
0.4	0.4	0.0		691	9756	
0.1	0.1			959	9643	
0.9	0.9			2422	136571	81021
0.3	0.3			843	11765	
0.3	0.3			1157	5762	1420
0.1	0.0	0.0		912	23040	600
0.0	0.0			889	10203	
				1600	1440	
1.5	1.4	0.1		806	36643	3150
256.3	141.5	114.7		434	15866259	97441
5.0	4.8	0.1		1029	293422	3279
26.9	26.8	0.1		1171	2748794	11053
0.0	0.0			1335	601	
1.0	1.0			110	19360	
0.1	0.1			1427	20599	210
1.4	1.4			1003	196803	3153
0.0	0.0			770	8238	
4.6	4.6			2844	1041118	35900
66.2	36.7	29.5		336	2513932	
2.3	2.3			1000	53000	12000

3–7 各地区分种类

地区	牧草种类	年末种草保留面积			
		合计	人工种草	改良种草	飞播种草
	牛鞭草	13.5	13.5		
	披碱草	2449.6	266.4	2161.2	22.0
	其他多年生牧草	17.6	13.7	3.9	
	苇状羊茅	0.8	0.7	0.1	
	鸭茅	4.5	4.4	0.1	
	杂交酸模	0.2	0.2		
	紫花苜蓿	73.4	59.0	12.8	1.5
贵　州		323.4	205.2	118.2	
	白三叶	46.4	20.0	26.4	
	多花木兰	1.0	0.5	0.5	
	多年生黑麦草	126.8	86.4	40.4	
	菊苣	13.3	13.3		
	狼尾草	6.1	6.1		
	木本蛋白饲料	3.6		3.6	
	牛鞭草	5.0	5.0		
	其他多年生牧草	54.5	43.3	11.2	
	雀稗	5.3	3.3	2.0	
	苇状羊茅	5.3	1.7	3.5	
	鸭茅	23.8	4.1	19.7	
	紫花苜蓿	32.5	21.6	10.8	
云　南		1868.8	983.1	861.2	24.5
	白三叶	137.8	70.3	62.0	5.5
	多年生黑麦草	617.7	319.6	298.1	
	狗尾草	80.7	50.7	30.1	
	狗牙根	0.8	0.0	0.8	
	红三叶	6.2	2.9	3.2	
	菊苣	38.2	14.2	24.1	
	狼尾草	15.0	10.7	4.3	

多年生牧草生产情况（续）

单位：万亩、公斤/亩、吨

当年新增种草面积				平均产量	总产量	青贮量
合计	人工种草	改良种草	飞播种草			
1.1	1.1			1165	156888	13085
139.4	54.5	84.9		315	7708193	0
2.1	2.1	0.0		1257	221548	5145
0.1	0.0	0.1		921	6979	
0.6	0.6	0.0		1058	47918	4750
				1500	2850	
5.4	5.4	0.0		1126	826017	8866
67.1	41.6	25.5		1342	4341064	82439
7.5	3.4	4.1		600	278717	585
0.1		0.1		500	5000	
24.1	16.0	8.1		1704	2160449	60154
5.3	5.3			1645	218341	7110
3.4	3.4			3000	182220	9000
2.4		2.4		378	13600	
0.6	0.6			2031	100720	
8.4	7.2	1.2		1522	829170	
0.5	0.2	0.3		434	22761	260
1.4	0.4	1.0		1244	65314	
4.9	1.6	3.3		861	205096	
8.6	3.5	5.1		800	259676	5330
193.4	116.5	76.8		708	13227534	378071
14.2	8.6	5.7		538	741365	5421
61.8	36.3	25.4		716	4421232	51815
6.9	4.4	2.5		827	667180	4535
0.2		0.2		600	4773	
1.0	0.2	0.8		604	37339	
2.3	1.6	0.7		797	304805	
1.0	0.8	0.2		789	118301	3200

3–7 各地区分种类

地 区	牧草种类	年末种草保留面积			
		合计	人工种草	改良种草	飞播种草
	木本蛋白饲料	0.4		0.4	
	木豆	6.5	2.4	4.1	
	牛鞭草	0.4	0.4		
	其他多年生牧草	290.9	152.3	137.1	1.5
	旗草	45.1	29.2	15.9	
	雀稗	7.0	5.7	1.4	
	苇状羊茅	5.5	4.1	1.4	
	鸭茅	456.3	212.7	226.1	17.5
	银合欢	0.8	0.1	0.7	
	柱花草	5.5	0.5	5.0	
	紫花苜蓿	153.9	107.4	46.6	
西 藏		292.6	116.8	175.8	
	老芒麦	19.1	3.1	16.0	
	披碱草	185.6	66.8	118.8	
	其他多年生牧草	11.5	11.5		
	紫花苜蓿	76.4	35.4	41.0	
陕 西		1209.7	895.5	312.2	2.0
	白三叶	4.8	3.3	1.5	
	多年生黑麦草	1.6	1.6		
	狗尾草	4.5	4.5		
	红三叶（多年生）	0.0	0.0		
	菊苣	0.1	0.1		
	聚合草	0.0	0.0		
	柠条	79.6	14.6	65.0	
	其他多年生牧草	11.6	11.6		
	沙打旺	102.6	30.6	72.0	
	小冠花	0.2	0.2		
	紫花苜蓿	1004.8	829.1	173.7	2.0

多年生牧草生产情况（续）

单位：万亩、公斤/亩、吨

当年新增种草面积				平均产量	总产量	青贮量
合计	人工种草	改良种草	飞播种草			
				650	2561	
3.0	2.1	0.9		632	41252	60
0.2	0.2			800	2808	4
41.8	26.1	15.7		696	2023465	243608
7.7	4.7	3.0		738	333011	520
1.2	1.2			696	48856	6000
1.0	0.9	0.1		763	41624	
38.6	18.5	20.1		690	3148294	50259
0.1	0.1			624	5025	80
0.0	0.0			800	44144	
12.4	10.8	1.6		807	1241501	12569
12.6	12.6			255	747382	
0.3	0.3			284	54241	
6.2	6.2			252	467291	
0.5	0.5			248	28535	
5.6	5.6			258	197315	
75.1	59.3	15.8		430	5205170	117752
1.6	0.8	0.8		393	18837	1920
0.5	0.5			620	9759	100
0.5	0.5			800	36000	
0.0	0.0			450	54	
0.0	0.0			508	254	
0.0	0.0			500	50	
				318	253400	
1.6	1.6			396	45827	4000
3.5	1.2	2.3		292	299675	8000
0.1	0.1			630	1260	
67.4	54.7	12.7		452	4540055	103732

3-7 各地区分种类

地 区	牧草种类	年末种草保留面积			
		合计	人工种草	改良种草	飞播种草
甘 肃		3401.0	1983.4	1405.6	12.1
	白三叶	6.6	6.6		
	冰草	124.5	13.7	110.8	
	多年生黑麦草	18.8	18.7	0.2	
	红豆草	274.2	263.3	10.9	
	红三叶	54.2	26.1	28.1	
	菊苣	0.1	0.1		
	聚合草	0.7	0.7		
	老芒麦	231.4	28.1	203.3	
	猫尾草	11.4	9.0	2.4	
	柠条	87.1	86.9	0.2	
	披碱草	806.1	141.8	662.2	2.0
	其他多年生牧草	1.8	1.2	0.6	
	沙打旺	234.8	194.0	36.0	4.8
	沙蒿	222.4	79.4	143.0	
	无芒雀麦	23.3	1.9	21.4	
	早熟禾	72.0		72.0	
	紫花苜蓿	1231.9	1112.0	114.6	5.3
青 海		1890.9	527.9	1361.0	2.0
	老芒麦	338.2	88.2	250.0	
	披碱草	1342.1	350.2	990.0	2.0
	其他多年生牧草	142.9	31.9	111.0	
	无芒雀麦	5.0	5.0		
	早熟禾	1.0	1.0		
	紫花苜蓿	61.5	51.5	10.0	
宁 夏		890.8	525.2	365.6	
	冰草	170.5		170.5	
	其他多年生牧草	13.6		13.6	

多年生牧草生产情况（续）

单位：万亩、公斤/亩、吨

当年新增种草面积				平均产量	总产量	青贮量
合计	人工种草	改良种草	飞播种草			
620.4	326.5	287.7	6.3	359	12198226	522546
0.1	0.1			346	22655	
48.4	5.6	42.8		246	306702	
5.0	4.9	0.1		474	89080	
40.8	37.7	3.1		426	1167105	980
1.3	1.3			399	216208	
0.1	0.1			718	790	
0.1	0.1			660	4290	
69.7	3.7	66.0		298	688680	
3.4	3.4			632	71760	
4.3	4.2	0.1		189	164651	
132.8	24.3	108.5		188	1514779	
0.5	0.4	0.1		308	5424	
15.2	10.4		4.8	362	849963	
5.5	5.5			85	188032	
6.2		6.2		275	64032	
10.0		10.0		260	187200	
277.3	225.0	50.8	1.5	540	6656875	521566
208.3	99.1	109.2		163	3075290	
23.2	5.0	18.2		163	552311	
175.1	89.1	86.0		152	2034921	
9.0	4.0	5.0		146	208604	
0.0				280	14000	
1.0	1.0			150	1500	
				429	263955	
33.1	21.1	12.0		393	3501332	115840
4.0		4.0		58	99525	
1.0		1.0		50	6800	

3-7 各地区分种类

地　区	牧草种类	年末种草保留面积			
		合计	人工种草	改良种草	飞播种草
	沙打旺	151.3		151.3	
	沙蒿	24.3		24.3	
	羊柴	6.0		6.0	
	紫花苜蓿	525.2	525.2		
新　疆		1861.4	586.7	1041.7	233.0
	红豆草	83.7	13.7	70.0	
	其他多年生牧草	375.3	6.3	144.0	225.0
	沙打旺	6.0			6.0
	紫花苜蓿	1396.4	566.7	827.7	2.0
新疆兵团		196.5	106.0	90.5	
	冰草	90.5		90.5	
	红豆草	1.0	1.0		
	碱茅	0.5	0.5		
	其他多年生牧草	50.5	50.5		
	紫花苜蓿	53.9	53.9		
黑龙江农垦		19.3	19.3		
	披碱草	0.1	0.1		
	羊草	4.0	4.0		
	紫花苜蓿	15.2	15.2		

多年生牧草生产情况（续）

单位：万亩、公斤/亩、吨

当年新增种草面积				平均产量	总产量	青贮量
合计	人工种草	改良种草	飞播种草			
6.0		6.0		58	87350	
1.0		1.0		56	13475	
0.0				80	4800	
21.1	21.1			626	3289382	115840
168.4	152.3	10.1	6.0	464	8627779	388615
8.6	8.6			423	354118	
3.2	1.7	1.6		603	2264520	
6.0			6.0	500	30000	
150.5	142.0	8.5		428	5979142	388615
15.0	12.0	3.0		215	421938	70000
3.0		3.0		71	64138	70000
0.0				700	7000	
0.3	0.3			350	1750	
0.0				178	89961	
11.7	11.7			480	259089	
1.8	1.8			292	56410	7182
				200	262	
				30	1206	
1.8	1.8			362	54942	7182

3-8 各地区紫花

地区	年末种草保留面积			
	合计	人工种草	改良种草	飞播种草
全　国	**6225**	**4782**	**1426**	**17**
天　津	5.00	5.00		
河　北	92.08	87.68	4.40	
山　西	292.12	260.88	31.24	
内蒙古	814.61	801.41	13.20	
辽　宁	167.61	86.77	80.84	
吉　林	80.01	29.77	50.24	
黑龙江	68.37	68.37		
江　苏	2.45	2.45		
安　徽	6.50	6.50		
福　建	0.13	0.13		
江　西	0.12	0.12		
山　东	16.79	8.29	6.50	2.00
河　南	23.57	18.62	0.95	4.00
湖　北	17.54	16.30	1.24	
湖　南	8.24	8.24		
广　西	0.31	0.31		
重　庆	4.55	4.03	0.52	
四　川	73.35	59.03	12.82	1.50
贵　州	32.46	21.62	10.84	
云　南	153.92	107.35	46.56	
西　藏	76.40	35.39	41.01	
陕　西	1004.79	829.09	173.70	2.00
甘　肃	1231.93	1112.00	114.63	5.30
青　海	61.54	51.54	10.00	
宁　夏	525.23	525.23		
新　疆	1396.44	566.70	827.74	2.00
新疆兵团	53.92			
黑龙江农垦	15.19			

苜蓿生产情况

单位：万亩、公斤/亩、吨

当年新增种草面积				平均产量	总产量	青贮量
合计	人工种草	改良种草	飞播种草			
837	**732**	**103**	**2**	**471**	**29335690**	**1634488**
0.46	0.46			630	31487	42301
10.49	7.49	3.00		401	369140	13143
48.75	45.55	3.20		490	1432013	19137
169.66	156.66	13.00		284	2309433	128397
8.74	7.60	1.14		356	596606	
13.11	9.89	3.22		196	156857	1800
6.56	6.56			325	221921	115730
0.88	0.88			881	21567	304
2.93	2.93			655	42542	38387
				954	1240	
				700	840	
1.41	1.41			418	70116	20940
4.08	3.68	0.40		730	172144	21685
2.44	2.31	0.14		1153	202279	15116
3.67	3.67			1224	100884	50428
0.13	0.13			661	2030	270
1.52	1.45	0.08		806	36643	3150
5.41	5.39	0.02		1126	826017	8866
8.59	3.50	5.09		800	259676	5330
12.44	10.81	1.64		807	1241501	12569
5.63	5.63			258	197315	
67.40	54.71	12.69		452	4540055	103732
277.32	225.04	50.78	1.50	540	6656875	521566
				429	263955	
21.06	21.06			626	3289382	115840
150.51	142.01	8.50		428	5979142	388615
11.71	11.71			480	259089	
1.79	1.79			362	54942	7182

3–9 全国牧区半牧区分种类

牧草类型	牧草种类	牧区半牧区年末种草保留面积			
		合计	人工种草	改良种草	飞播种草
全　国	**总　计**	**12649**	**4295**	**7652**	**703**
多年生草本	合　计	10840	3494	6944	402
	冰草	220.9	14.8	203.2	3.0
	多年生黑麦草	290.9	172.7	118.2	
	红豆草	114.7	43.7	71.0	
	胡枝子	3.6	0.5	3.1	
	碱茅	11.0	11.0		
	菊苣	35.8	12.7	23.1	
	老芒麦	1301.1	235.2	1061.9	4.0
	猫尾草	11.0	8.6	2.4	
	披碱草	4597.3	841.1	3726.2	30.0
	其他多年生牧草	805.1	229.5	350.7	225.0
	三叶草	57.9	28.6	29.4	
	沙打旺	423.5	100.0	303.2	20.3
	无芒雀麦	24.5	3.2	21.4	
	羊草	476.0	124.7	351.3	
	羊柴	256.5	70.6	70.0	115.9
	早熟禾	73.0	1.0	72.0	
	紫花苜蓿	2137.0	1596.2	537.4	3.5
灌木或半灌木	合　计	1809	801	708	301
	柠条	1415.8	759.4	483.7	172.7
	沙蒿	393.4	41.3	223.9	128.2

多年生牧草种植情况

单位：万亩

半牧区年末种草保留面积				牧区年末种草保留面积			
合计	人工种草	改良种草	飞播种草	合计	人工种草	改良种草	飞播种草
5454	**2415**	**2910**	**129**	**7195**	**1893**	**4954**	**348**
4626	1939	2606	82	6214	1569	4550	95
75.6	0.8	71.8	3.0	145.4	14.0	131.4	
284.8	166.6	118.2		6.0	6.0		
94.4	24.4	70.0		20.3	19.3	1.0	
3.6	0.5	3.1					
11.0	11.0						
35.8	12.7	23.1					
506.5	52.8	449.7	4.0	794.7	182.5	612.2	
11.0	8.6	2.4					
860.5	192.9	663.5	4.0	3736.8	648.2	3062.7	26.0
455.2	113.7	341.5		349.9	187.1	162.9	
54.8	25.5	29.3		3.1	3.1		
323.9	94.0	216.7	13.3	99.5	6.0	86.5	7.0
21.6	1.9	19.7		2.9	1.3	1.6	
386.7	122.2	264.6		89.3	2.5	86.8	
84.6	10.6	20.0	54.0	171.9	60.0	50.0	61.9
				73.0	1.0	72.0	
1416.0	1100.5	312.0	3.5	721.0	437.6	283.4	
829	477	304	48	981	324	403	253
595.1	435.8	127.3	32.0	820.7	323.6	356.4	140.7
233.4	40.8	177.1	15.5	160.0	0.5	46.8	112.7

3-10 各地区牧区半牧区分种类

地区	牧草种类	年末种草保留面积			
		合计	人工种草	改良种草	飞播种草
全国		**12649**	**4295**	**7652**	**703**
河北		127.2	91.6	20.6	15.0
	冰草	3.0			3.0
	老芒麦	15.1		11.1	4.0
	披碱草	46.1	32.6	9.5	4.0
	其他多年生牧草	4.7	4.7		
	沙打旺	4.0			4.0
	紫花苜蓿	54.3	54.3		
山西		8.2	8.2		
	紫花苜蓿	8.2	8.2		
内蒙古		2889.8	1718.2	743.4	428.3
	冰草	30.3	14.8	15.5	
	老芒麦	10.7	10.7		
	柠条	1345.7	750.6	422.4	172.7
	披碱草	113.8	75.3	38.5	
	其他多年生牧草	296.0	182.7	113.3	
	沙打旺	33.9	21.4	1.0	11.5
	沙蒿	190.0	1.5	60.3	128.2
	无芒雀麦	1.3	1.3		
	羊草	15.5	0.3	15.2	
	羊柴	250.5	70.6	64.0	115.9
	紫花苜蓿	602.2	589.0	13.2	
辽宁		419.6	53.6	366.0	
	胡枝子	3.6	0.5	3.1	
	菊苣	0.2	0.2		
	柠条	65.5	4.2	61.3	
	披碱草	17.8		17.8	
	其他多年生牧草	68.9	8.2	60.7	
	沙打旺	166.1	9.0	157.2	
	沙蒿	0.3		0.3	
	羊草	3.8		3.8	

多年生牧草生产情况

单位：万亩、公斤/亩、吨

当年新增种草面积				平均产量	总产量	青贮量
合计	人工种草	改良种草	飞播种草			
1362	**726**	**610**	**25**	**269**	**34035143**	**295539**
33.2	12.0	15.0	6.2	251	318554	
3.0			3.0	200	6000	
8.1		8.1		185	27980	
14.1	7.2	6.9		210	96720	
0.3	0.3			300	14085	
3.2			3.2	110	4389	
4.5	4.5			312	169380	
				400	32800	
				400	32800	
385.3	250.4	121.9	13.0	184	5320177	47779
6.9	0.4	6.5		101	30581	
				88	9407	
68.4	50.5	11.9	6.0	163	2191520	
38.9	1.8	37.1		173	197286	
119.6	84.5	35.1		177	525102	
4.3	2.3	1.0	1.0	300	101863	
4.2		0.3	3.9	82	154980	
0.2	0.2			106	1330	
15.0		15.0		23	3590	
4.7	0.6	2.0	2.1	97	242675	
123.1	110.1	13.0		309	1861843	47779
14.8	3.8	11.0		175	732607	
				115	4152	
				800	1200	
0.1		0.1		56	36378	
				68	12189	
4.8	0.3	4.5		99	67927	
7.0	1.1	5.9		196	325079	
				550	1870	
				66	2488	

3-10 各地区牧区半牧区分种类

地　区	牧草种类	年末种草保留面积			
		合计	人工种草	改良种草	飞播种草
	紫花苜蓿	93.3	31.6	61.7	
吉　林		282.3	115.5	166.8	
	碱茅	11.0	11.0		
	其他多年生牧草	26.7	13.7	13.0	
	羊草	176.8	71.0	105.8	
	紫花苜蓿	67.8	19.8	48.0	
黑龙江		324.5	94.7	229.8	
	披碱草	14.1	11.0	3.2	
	其他多年生牧草	0.5	0.5		
	羊草	280.0	53.4	226.6	
	紫花苜蓿	29.9	29.9		
四　川		3239.8	521.6	2696.1	22.0
	白三叶	8.0	6.7	1.3	
	多年生黑麦草	98.6	95.6	3.0	
	红豆草	17.6	17.6		
	菊苣	0.9	0.9		
	老芒麦	748.9	138.1	610.8	
	披碱草	2351.4	248.4	2081.0	22.0
	其他多年生牧草	5.1	5.1		
	紫花苜蓿	9.3	9.3		
云　南		301.4	100.4	201.0	
	多年生黑麦草	192.3	77.0	115.2	
	菊苣	34.8	11.7	23.1	
	其他多年生牧草	39.8		39.8	
	紫花苜蓿	34.6	11.7	23.0	
西　藏		71.6	31.8	39.8	
	老芒麦	1.6	1.6		
	披碱草	43.1	20.3	22.8	
	其他多年生牧草	3.1	3.1		
	紫花苜蓿	23.9	6.8	17.0	

多年生牧草生产情况（续）

单位：万亩、公斤/亩、吨

当年新增种草面积				平均产量	总产量	青贮量
合计	人工种草	改良种草	飞播种草			
2.9	2.4	0.5		301	281325	
56.5	29.4	27.1		81	228719	1800
				70	7700	
10.0	10.0			34	9010	
35.1	11.0	24.1		61	107792	
11.4	8.4	3.0		154	104217	1800
38.6	14.4	24.2		145	469060	232000
1.8	0.4	1.5		161	22745	2500
0.5	0.5			90	450	
34.0	11.3	22.8		126	352415	228000
2.3	2.3			313	93450	1500
216.0	101.4	114.6		357	11568604	879
0.9	0.8	0.1		1388	111076	123
6.7	6.6	0.1		1162	1146168	756
1.0	1.0			110	19360	
0.0	0.0			1567	13950	
66.2	36.7	29.5		336	2513932	
139.4	54.5	84.9		321	7547223	
0.2	0.2			1141	58175	
1.6	1.6			1709	158720	
13.1	8.9	4.2		761	2293504	
11.5	8.6	2.9		791	1521118	
0.1	0.1			800	278000	
1.3		1.3		431	171466	
0.2	0.2			933	322920	
1.9	1.9			236	168903	
0.0				230	3680	
1.3	1.3			232	99766	
0.3	0.3			220	6751	
0.3	0.3			246	58706	

3-10 各地区牧区半牧区分种类

地 区	牧草种类	年末种草保留面积			
		合计	人工种草	改良种草	飞播种草
甘 肃		1789.8	605.9	1175.6	8.3
	冰草	80.0		80.0	
	红豆草	16.1	15.1	1.0	
	红三叶	49.9	21.9	28.1	
	老芒麦	206.6	16.6	190.0	
	猫尾草	11.0	8.6	2.4	
	柠条	4.6	4.6		
	披碱草	678.1	103.4	572.7	2.0
	沙打旺	110.4	69.6	36.0	4.8
	沙蒿	182.8	39.8	143.0	
	无芒雀麦	23.3	1.9	21.4	
	早熟禾	72.0		72.0	
	紫花苜蓿	355.0	324.5	29.1	1.5
青 海		1739.5	459.8	1277.7	2.0
	老芒麦	318.2	68.2	250.0	
	披碱草	1332.9	350.2	980.7	2.0
	其他多年生牧草	50.5	11.5	39.0	
	早熟禾	1.0	1.0		
	紫花苜蓿	36.9	28.9	8.0	
宁 夏		427.5	171.0	256.5	
	冰草	107.7		107.7	
	其他多年生牧草	13.6		13.6	
	沙打旺	109.0		109.0	
	沙蒿	20.3		20.3	
	羊柴	6.0		6.0	
	紫花苜蓿	171.0	171.0		
新 疆		1027.9	322.2	478.7	227.0
	红豆草	81.0	11.0	70.0	
	其他多年生牧草	296.3		71.3	225.0
	紫花苜蓿	650.6	311.2	337.4	2.0

多年生牧草生产情况（续）

单位：万亩、公斤/亩、吨

当年新增种草面积				平均产量	总产量	青贮量
合计	人工种草	改良种草	飞播种草			
283.4	111.3	165.7	6.3	263	4704383	2100
18.0		18.0		250	200000	
3.4	3.4			464	74885	
1.3	1.3			400	199508	
54.4	1.4	53.0		298	616570	
3.4	3.4			634	69520	
				200	9200	
76.3	13.8	62.5		171	1156645	
8.7	3.9		4.8	349	384775	
2.0	2.0			79	144722	
6.2		6.2		275	64032	
10.0		10.0		260	187200	
99.7	82.2	16.1	1.5	450	1597326	2100
206.2	98.1	108.1		157	2732280	
22.2	4.0	18.2		160	510691	
175.0	89.1	85.9		151	2011521	
8.0	4.0	4.0		122	61664	
1.0	1.0			150	1500	
				398	146905	
14.5	4.5	10.0		112	478080	3900
3.0		3.0		51	54650	
1.0		1.0		50	6800	
5.0		5.0		54	58825	
1.0		1.0		57	11475	
0.0				80	4800	
4.5	4.5			200	341530	3900
98.7	90.2	8.5		485	4987473	7081
5.9	5.9			422	341875	
0.0				680	2013600	
92.8	84.3	8.5		405	2631998	7081

3-11 各地区牧区分种类

地 区	牧草种类	年末种草保留面积			
		合计	人工种草	改良种草	飞播种草
全 国		**7195**	**1893**	**4954**	**348**
内蒙古		1795.6	872.7	600.7	322.3
	冰草	17.5	14.0	3.5	
	老芒麦	8.9	8.9		
	柠条	820.7	323.6	356.4	140.7
	披碱草	106.5	68.2	38.3	
	其他多年生牧草	287.5	174.2	113.3	
	沙打旺	12.7	5.7		7.0
	沙蒿	142.0	0.5	28.8	112.7
	无芒雀麦	1.3	1.3		
	羊草	15.5	0.3	15.2	
	羊柴	165.9	60.0	44.0	61.9
	紫花苜蓿	217.2	216.0	1.2	
黑龙江		82.4	10.8	71.6	
	羊草	73.8	2.2	71.6	
	紫花苜蓿	8.6	8.6		
四 川		2199.1	294.1	1883.0	22.0
	白三叶	3.1	3.1		
	多年生黑麦草	6.0	6.0		
	红豆草	17.6	17.6		
	老芒麦	378.6	100.4	278.2	
	披碱草	1793.8	167.0	1604.8	22.0
西 藏		49.4	20.6	28.8	
	老芒麦	1.6	1.6		
	披碱草	28.6	13.8	14.8	
	其他多年生牧草	3.1	3.1		

多年生牧草生产情况

单位：万亩、公斤/亩、吨

当年新增种草面积				平均产量	总产量	青贮量
合计	人工种草	改良种草	飞播种草			
842	**394**	**434**	**13**	**234**	**16853507**	**11900**
253.6	135.6	104.9	13.0	150	2692260	11800
2.5		2.5		67	11621	
				85	7607	
31.0	13.1	11.9	6.0	131	1074570	
38.7	1.6	37.1		179	190156	
119.6	84.5	35.1		177	508102	
2.0	1.0		1.0	140	17823	
4.2		0.3	3.9	72	102705	
0.2	0.2			106	1330	
15.0		15.0		23	3590	
4.1		2.0	2.1	54	89960	
36.3	35.3	1.0		315	684796	11800
4.6	2.7	1.9		103	84609	
4.1	2.2	1.9		80	58809	
0.5	0.5			300	25800	
195.9	90.0	105.9		365	8016699	
0.2	0.2			2500	77500	
1.1	1.1			2245	135600	
1.0	1.0			110	19360	
61.0	36.5	24.5		428	1618724	
132.6	51.2	81.4		344	6165515	
0.7	0.7			219	108464	
				230	3680	
0.3	0.3			220	62895	
0.3	0.3			220	6751	

3-11 各地区牧区分种类

地 区	牧草种类	年末种草保留面积			
		合计	人工种草	改良种草	飞播种草
	紫花苜蓿	16.1	2.1	14.0	
甘 肃		751.3	69.0	680.4	2.0
	冰草	80.0		80.0	
	红豆草	2.2	1.2	1.0	
	老芒麦	93.4	3.4	90.0	
	披碱草	491.1	55.1	434.0	2.0
	沙打旺	0.3	0.3		
	无芒雀麦	1.6		1.6	
	早熟禾	72.0		72.0	
	紫花苜蓿	10.7	9.0	1.7	
青 海		1699.7	447.0	1250.7	2.0
	老芒麦	312.2	68.2	244.0	
	披碱草	1316.8	344.1	970.7	2.0
	其他多年生牧草	45.8	9.8	36.0	
	早熟禾	1.0	1.0		
	紫花苜蓿	23.9	23.9		
宁 夏		230.0		230.0	
	冰草	47.9		47.9	
	其他多年生牧草	13.6		13.6	
	沙打旺	86.5		86.5	
	沙蒿	18.0		18.0	
	羊柴	6.0		6.0	
	紫花苜蓿	58.0		58.0	
新 疆		387.0	178.5	208.5	
	红豆草	0.5	0.5		
	紫花苜蓿	386.5	178.0	208.5	

多年生牧草生产情况（续）

单位：万亩、公斤/亩、吨

当年新增种草面积				平均产量	总产量	青贮量
合计	人工种草	改良种草	飞播种草			
0.1	0.1			218	35138	
114.5	13.6	100.9		222	1668579	100
18.0		18.0		250	200000	
				354	7780	
36.4	0.4	36.0		375	350575	
47.1	10.6	36.5		170	833429	
0.0				615	1722	
0.4		0.4		200	3260	
10.0		10.0		260	187200	
2.6	2.6			789	84613	100
204.2	97.1	107.1		154	2619120	
22.2	4.0	18.2		159	497491	
173.0	88.1	84.9		150	1975961	
8.0	4.0	4.0		116	53264	
1.0	1.0			150	1500	
				380	90905	
5.0		5.0		91	209965	
1.0		1.0		50	23950	
1.0		1.0		50	6800	
2.0		2.0		55	47575	
1.0		1.0		60	10800	
				80	4800	
				200	116040	
63.1	54.6	8.5		376	1453811	
0.9	0.9			225	1190	
62.2	53.7	8.5		376	1452621	

3-12 各地区半牧区分种类

地 区	牧草种类	年末种草保留面积			
		合计	人工种草	改良种草	飞播种草
全 国		**5454**	**2415**	**2910**	**129**
河 北		127.2	91.6	20.6	15.0
	冰草	3.0			3.0
	老芒麦	15.1		11.1	4.0
	披碱草	46.1	32.6	9.5	4.0
	其他多年生牧草	4.7	4.7		
	沙打旺	4.0			4.0
	紫花苜蓿	54.3	54.3		
山 西		8.2	8.2		
	紫花苜蓿	8.2	8.2		
内蒙古		1094.2	845.5	142.7	106.0
	冰草	12.8	0.8	12.0	
	老芒麦	1.8	1.8		
	柠条	525.0	427.0	66.0	32.0
	披碱草	7.3	7.1	0.2	
	其他多年生牧草	8.5	8.5		
	沙打旺	21.2	15.7	1.0	4.5
	沙蒿	48.0	1.0	31.5	15.5
	羊柴	84.600	10.600	20.0	54.0
	紫花苜蓿	385.0	373.0	12.0	
辽 宁		419.6	53.6	366.0	
	胡枝子	3.6	0.5	3.1	
	菊苣	0.2	0.2		
	柠条	65.5	4.2	61.3	
	披碱草	17.8		17.8	
	其他多年生牧草	68.9	8.2	60.7	
	沙打旺	166.1	9.0	157.2	
	沙蒿	0.3		0.3	
	羊草	3.8		3.8	

多年生牧草生产情况

单位：万亩、公斤/亩、吨

当年新增种草面积				平均产量	总产量	青贮量
合计	人工种草	改良种草	飞播种草			
521	**332**	**176**	**12**	**315**	**17181636**	**283639**
33.2	12.0	15.0	6.2	251	318554	
3.0			3.0	200	6000	
8.1		8.1		185	27980	
14.1	7.2	6.9		210	96720	
0.3	0.3			300	14085	
3.2			3.2	110	4389	
4.5	4.5			312	169380	
				400	32800	
				400	32800	
131.77	114.77	17.0		240	2627917	35979
4.4	0.4	4.0		148	18960	
				100	1800	
37.4	37.4			213	1116950	
0.2	0.2			98	7130	
				200	17000	
2.3	1.3	1.0		396	84040	
				109	52275	
0.6	0.6			181	152715	
86.9	74.9	12.0		306	1177047	35979
14.8	3.8	11.0		175	732607	
				115	4152	
				800	1200	
0.1		0.1		56	36378	
				68	12189	
4.8	0.3	4.5		99	67927	
7.0	1.1	5.9		196	325079	
				550	1870	
				66	2488	

3-12 各地区半牧区分种类

地区	牧草种类	年末种草保留面积			
		合计	人工种草	改良种草	飞播种草
	紫花苜蓿	93.3	31.6	61.7	
吉林		282.3	115.5	166.8	
	碱茅	11.0	11.0		
	其他多年生牧草	26.7	13.7	13.0	
	羊草	176.8	71.0	105.8	
	紫花苜蓿	67.8	19.8	48.0	
黑龙江		242.1	83.9	158.2	
	披碱草	14.1	11.0	3.2	
	其他多年生牧草	0.5	0.5		
	羊草	206.2	51.2	155.0	
	紫花苜蓿	21.3	21.3		
四川		1040.7	227.6	813.1	
	白三叶	4.9	3.6	1.3	
	多年生黑麦草	92.6	89.6	3.0	
	菊苣	0.9	0.9		
	老芒麦	370.3	37.7	332.6	
	披碱草	557.6	81.4	476.2	
	其他多年生牧草	5.1	5.1		
	紫花苜蓿	9.3	9.3		
云南		301.4	100.4	201.0	
	多年生黑麦草	192.3	77.0	115.2	
	菊苣	34.8	11.7	23.1	
	其他多年生牧草	39.8		39.8	
	紫花苜蓿	34.6	11.7	23.0	
西藏		22.2	11.2	11.0	
	披碱草	14.5	6.5	8.0	
	紫花苜蓿	7.7	4.7	3.0	

多年生牧草生产情况（续）

单位：万亩、公斤/亩、吨

当年新增种草面积				平均产量	总产量	青贮量
合计	人工种草	改良种草	飞播种草			
2.9	2.4	0.5		301	281325	
56.5	29.4	27.1		81	228719	1800
				70	7700	
10.0	10.0			34	9010	
35.1	11.0	24.1		61	107792	
11.4	8.4	3.0		154	104217	1800
34.0	11.7	22.4		159	384451	232000
1.8	0.4	1.5		161	22745	2500
0.5	0.5			90	450	
29.93	9.03	20.9		142	293606	228000
1.8	1.8			318	67650	1500
20.1	11.4	8.7		341	3551905	879
0.7	0.6	0.1		685	33576	123
5.6	5.5	0.1		1092	1010568	756
0.0	0.0			1567	13950	
5.2	0.2	5.0		242	895208	
6.8	3.3	3.5		248	1381708	
0.2	0.2			1141	58175	
1.6	1.6			1709	158720	
13.1	8.9	4.2		761	2293504	
11.5	8.6	2.9		791	1521118	
0.1	0.1			800	278000	
1.3		1.3		431	171466	
0.2	0.2			933	322920	
1.2	1.2			272	60439	
1.0	1.0			255	36871	
0.2	0.2			306	23568	

3-12 各地区半牧区分种类

地 区	牧草种类	年末种草保留面积			
		合计	人工种草	改良种草	飞播种草
甘 肃		1038.5	537.0	495.2	6.3
	红豆草	13.9	13.9		
	红三叶	49.9	21.9	28.1	
	老芒麦	113.3	13.3	100.0	
	猫尾草	11.0	8.6	2.4	
	柠条	4.6	4.6		
	披碱草	187.0	48.3	138.7	
	沙打旺	110.1	69.3	36.0	4.8
	沙蒿	182.8	39.8	143.0	
	无芒雀麦	21.6	1.9	19.7	
	紫花苜蓿	344.3	315.4	27.4	1.5
青 海		39.8	12.8	27.0	
	老芒麦	6.0		6.0	
	披碱草	16.1	6.1	10.0	
	其他多年生牧草	4.7	1.7	3.0	
	紫花苜蓿	13.0	5.0	8.0	
宁 夏		197.5	113.0	84.5	
	冰草	59.8		59.8	
	沙打旺	22.5		22.5	
	沙蒿	2.3		2.3	
	紫花苜蓿	113.0	113.0		
新 疆		640.9	215.0	423.9	2.0
	红豆草	80.4	10.4	70.0	
	其他多年生牧草	296.3	71.3	225.0	
	紫花苜蓿	264.2	133.3	128.9	2.0

多年生牧草生产情况（续）

单位：万亩、公斤/亩、吨

当年新增种草面积				平均产量	总产量	青贮量
合计	人工种草	改良种草	飞播种草			
168.9	97.7	64.9	6.3	292	3035804	2000
3.4	3.4			481	67105	
1.3	1.3			400	199508	
18.0	1.0	17.0		235	265995	
3.4	3.4			634	69520	
				200	9200	
29.2	3.2	26.0		173	323216	
8.7	3.9		4.8	348	383053	
2.0	2.0			79	144722	
5.8		5.8		281	60772	
97.1	79.6	16.1	1.5	439	1512713	2000
2.0	1.0	1.0		284	113160	
				220	13200	
2.0	1.0	1.0		221	35560	
				179	8400	
				431	56000	
9.5	4.5	5.0		136	268115	3900
2.0		2.0		51	30700	
3.0		3.0		50	11250	
				30	675	
4.5	4.5			200	225490	3900
35.6	35.6			551	3533662	7081
5.0	5.0			424	340685	
				680	2013600	
30.6	30.6			446	1179377	7081

三、一年生牧草生产情况

3-13 2007—2017年全国一年生

牧草类型	牧草种类	2007年	2008年	2009年	2010年
全 国	**合 计**	**6862.0**	**7032.2**	**6662.6**	**6813.8**
一年生草本	小 计	4254.6	4133.9	2366.9	2659.2
	稗	1.5	0.8	9.0	7.3
	草高粱			32.5	13.3
	草谷子	226.9	161.6	167.8	169.7
	草木樨	225.3	185.1	65.3	66.4
	楚雄南苜蓿	17.8			36.0
	大麦	14.8	75.4	46.2	82.6
	冬牧70黑麦	129.5	79.9	81.0	0.2
	多花黑麦草	1069.8	938.8	968.2	956.1
	高粱苏丹草杂交种	84.1	145.8	56.9	57.1
	高粱			0.2	0.4
	狗尾草(一年生)			5.0	5.0
	谷稗	42.0	15.2	14.5	12.2
	谷子			3.0	0.6
	光叶紫花苕			4.6	22.2
	箭筈豌豆	94.8	56.8	33.8	71.5
	苦荬菜	104.2	73.8	21.1	15.4
	狼尾草(一年生)	6.8	6.0	1.7	15.9
	马唐	0.3	0.1		
	毛苕子(非绿肥)	563.4	236.7	61.3	346.1
	墨西哥类玉米	176.2	48.7	67.7	72.0
	青莜麦	8.0		35.4	98.3
	山黧豆			0.1	1.0
	苏丹草	167.3	95.6	108.2	94.6
	小黑麦	1.0	0.7	19.1	11.1
	印度豇豆	1.0	0.3		
	御谷		0.7		
	籽粒苋	77.5	49.5	76.3	62.2
	紫云英(非绿肥)	134.1	122.8	62.4	64.2
	其他一年生牧草	1108.6	1839.7	425.8	378.0
饲用作物	小 计	2607.5	2898.3	4295.8	4154.5
	青饲、青贮高粱	25.9	25.1	26.1	104.0
	青贮专用玉米	1997.9	2583.8	3483.7	3467.9
	燕麦	522.8	238.4	324.7	262.2
	饲用甘蓝			0.1	0.3
	饲用块根块茎作物	59.3	49.5	422.6	308.1
	饲用青稞	1.5	1.5	38.7	12.1

牧草分种类种植面积情况

单位：万亩

2011年	2012年	2013年	2014年	2015年	2016年	2017年
6981.1	**6493.3**	**6886.7**	**7169.6**	**7457.4**	**6523.7**	**6699.4**
2846.1	2317.6	2339.4	2470.5	2249.9	2176.1	2016.6
5.6	3.4	1.3	2.3	3.1	0.4	0.6
8.2	6.5					
315.2	270.8	221.2	185.0	189.5	149.7	122.2
77.2	64.7	49.1	39.6	32.4	64.4	32.8
1.3	1.1	0.6	3.8	0.4		
67.4	49.7	49.7	40.0	25.5	46.0	32.9
84.6	24.0	23.5	12.9	23.0	17.3	33.0
1000.0	866.4	854.8	829.4	810.6	690.9	583.9
85.9	77.1	60.3	78.7	69.2	56.8	
2.0	8.0					
0.6	1.0	1.1	1.1	0.8	0.3	
16.3	15.0	10.5	7.3	0.8	0.2	
	1.1					
22.2	1.3	8.3				
123.9	94.8	84.3	62.1	59.3	52.2	55.5
10.1	7.7	6.3	18.2	6.1	3.7	3.1
15.1	14.8	8.4	8.0	7.3	1.8	
	1.0	0.5	0.5	0.3	0.1	0.6
260.3	85.4	118.0	319.4	367.0	275.6	193.7
61.7	48.6	57.7	43.3	79.5	39.8	129.4
203.3	145.6	152.8	162.2	234.8	187.9	148.4
3.0	74.1					
87.2	0.5	55.1	50.1	63.2	58.5	52.0
23.5	20.6	18.2	19.0	19.5	15.5	22.6
53.7	36.9	23.6	14.8	13.5	6.8	10.0
53.8	36.8	54.5	28.3	24.4	26.3	53.2
264.0	360.9	479.6	544.4	219.6	481.9	542.7
4135.0	4175.8	4547.3	4699.1	5207.5	4347.5	4682.9
95.0	186.3	253.7	220.6	223.0	159.6	361.7
3374.8	3207.5	3553.4	3605.3	4075.3	3402.6	3462.8
370.2	402.7	383.9	462.4	571.7	503.7	629.9
0.3	0.1	0.9			2.8	2.5
264.8	365.5	348.9	361.6	284.1	246.2	213.0
29.8	13.6	6.5	49.2	53.5	32.6	12.9

3-14 各地区分种类一年生牧草生产情况

单位：万亩、公斤/亩、吨

地 区	牧草种类	当年新增种草面积	平均产量	总产量	青贮量
全 国		**6699.4**	**1278**	**85626686**	**64325378**
天 津		3.5	780	26894	77080
	青贮专用玉米	2.8	884	24764	74280
	燕麦	0.7	328	2129	2800
河 北		117.7	1065	1253707	1374457
	草木樨	1.0	400	4000	
	青莜麦	3.0	400	12000	
	青贮专用玉米	113.4	1090	1236507	1374457
	燕麦	0.3	400	1200	
山 西		165.1	993	1639201	1821531
	草谷子	2.1	409	8716	
	多花黑麦草	1.0	1000	10000	5000
	箭筈豌豆	1.4	386	5400	
	其他一年生牧草	2.1	200	4200	
	青莜麦	8.7	326	28400	
	青贮青饲高粱	1.8	612	11146	1500
	青贮专用玉米	143.9	1081	1555179	1813211
	苏丹草	0.2	560	840	
	燕麦	3.9	390	15320	1820
内蒙古		2213.0	1462	32352011	27889752
	草谷子	76.1	450	342436	
	草木樨	6.8	328	22300	
	大麦	8.9	335	29850	
	箭筈豌豆	5.0	150	7500	
	苦荬菜	0.0	2950	1180	
	墨西哥类玉米	81.2	673	546400	69000
	其他一年生牧草	253.4	964	2441693	246920
	青莜麦	121.7	326	396218	
	青贮青饲高粱	192.5	2069	3982750	3130000
	青贮专用玉米	1268.5	1835	23272590	24221832
	饲用块根块茎作物	63.9	1016	649000	50000
	苏丹草	3.0	674	20290	

3-14　各地区分种类一年生牧草生产情况（续）

单位：万亩、公斤/亩、吨

地　区	牧草种类	当年新增种草面积	平均产量	总产量	青贮量
	燕麦	131.5	483	635603	160000
	籽粒苋	0.4	1050	4200	12000
辽　宁		94.5	1623	1534173	1422689
	稗	0.4	1196	5025	
	墨西哥类玉米	0.0	1000	400	
	其他一年生牧草	0.4	1500	6000	
	青贮青饲高粱	1.1	1279	14200	
	青贮专用玉米	92.2	1629	1501123	1422689
	燕麦	0.0	2000	600	
	籽粒苋	0.4	1950	6825	
吉　林		163.4	2109	3445560	3008391
	苦荬菜	0.0	1000	300	
	青贮专用玉米	141.2	2352	3321760	3008391
	饲用块根块茎作物	6.7	651	43600	
	燕麦	15.2	511	77600	
	籽粒苋	0.2	1000	2300	
黑龙江		228.3	1111	2536161	6542218
	青贮专用玉米	228.3	1111	2536161	6542218
江　苏		22.7	1163	264023	348743
	大麦	0.8	600	4680	2120
	冬牧70黑麦	1.0	1329	13435	450
	多花黑麦草	5.7	951	54511	12640
	苦荬菜	0.0	1000	50	
	墨西哥类玉米	0.5	1000	4518	340
	其他一年生牧草	3.6	1190	43084	56000
	青贮青饲高粱	2.0	1350	27000	32000
	青贮专用玉米	7.4	1407	103636	245193
	饲用块根块茎作物	0.6	356	2280	
	苏丹草	0.7	989	7328	
	小黑麦	0.4	1000	3500	
安　徽		92.4	1189	1098565	730924
	大麦	2.3	255	5731	1500

3-14 各地区分种类一年生牧草生产情况（续）

单位：万亩、公斤/亩、吨

地 区	牧草种类	当年新增种草面积	平均产量	总产量	青贮量
	冬牧 70 黑麦	1.0	661	6640	
	多花黑麦草	14.6	808	117690	2103
	苦荬菜	1.0	401	4050	
	墨西哥类玉米	1.2	1600	19364	3810
	青贮青饲高粱	6.1	1627	98632	13300
	青贮专用玉米	55.7	1259	701323	692194
	饲用块根块茎作物	0.2	1181	2480	
	苏丹草	4.9	1692	82245	3012
	小黑麦	2.4	600	14400	
	紫云英（非绿肥）	3.1	1483	46011	15005
福 建		25.2	1662	418600	100000
	多花黑麦草	2.8	397	11057	
	墨西哥类玉米	0.9	429	4045	
	青贮专用玉米	4.8	4417	212000	100000
	饲用块根块茎作物	2.0	50	1000	
	紫云英	11.3	1173	131965	
	苦荬菜	0.2	400	800	
	稗	0.2	150	300	
	其他一年生牧草	3.0	1903	57433	
江 西		148.9	1015	1510263	98961
	多花黑麦草	105.0	1064	1117138	62246
	苦荬菜	0.5	752	3645	
	毛苕子（非绿肥）	0.3	800	2000	
	墨西哥类玉米	4.8	962	46210	85
	其他一年生牧草	1.3	1211	16110	
	青贮青饲高粱	6.6	1134	74678	10440
	青贮专用玉米	7.2	1365	98492	22350
	饲用块根块茎作物	0.8	1564	12200	580
	苏丹草	6.1	954	58634	2980
	籽粒苋	0.3	876	2540	
	紫云英（非绿肥）	16.0	491	78617	280
山 东		219.1	1069	2341412	4980617

3-14　各地区分种类一年生牧草生产情况（续）

单位：万亩、公斤/亩、吨

地　区	牧草种类	当年新增种草面积	平均产量	总产量	青贮量
	墨西哥类玉米	1.2	800	9920	30240
	其他一年生牧草	2.4	1869	45190	183583
	青贮青饲高粱	1.5	1238	18087	54300
	青贮专用玉米	212.1	1063	2255184	4695662
	饲用块根块茎作物	0.2	1000	2000	4500
	小黑麦	1.4	579	8160	
	燕麦	0.3	1000	2550	10432
	籽粒苋	0.0	1695	322	1900
河　南		96.5	1114	1075388	2520730
	冬牧70黑麦	0.3	775	2372	
	多花黑麦草	0.3	645	2130	
	墨西哥类玉米	0.1	918	1001	2100
	青贮青饲高粱	0.2	935	2206	3000
	青贮专用玉米	93.8	1117	1048039	2493801
	苏丹草	0.8	804	6250	3429
	燕麦	0.5	958	4340	
	籽粒苋	0.5	1708	9050	18400
湖　北		82.6	1795	1482216	310830
	大麦	2.1	983	20670	13600
	冬牧70黑麦	1.1	1885	20901	5500
	多花黑麦草	28.9	1897	547819	58578
	虎尾草	0.1	380	456	
	苦荬菜	0.8	2000	16000	
	毛苕子（非绿肥）	0.3	3000	9000	
	墨西哥类玉米	4.8	2550	122496	73767
	其他一年生牧草	12.8	1354	173480	8948
	青贮青饲高粱	0.7	2403	16535	3500
	青贮专用玉米	15.4	2074	319450	113539
	饲用块根块茎作物	0.2	550	1210	230
	苏丹草	8.3	1948	161677	31968
	燕麦	0.4	600	2142	1200
	紫云英（非绿肥）	6.7	1057	70380	
湖　南		91.4	1831	1673284	1135475

3-14 各地区分种类一年生牧草生产情况（续）

单位：万亩、公斤/亩、吨

地 区	牧草种类	当年新增种草面积	平均产量	总产量	青贮量
	冬牧 70 黑麦	0.9	1769	15305	6521
	多花黑麦草	38.1	1676	638050	179454
	毛苕子（非绿肥）	0.0	1800	720	
	墨西哥类玉米	13.4	2249	302225	109646
	其他一年生牧草	2.9	1749	49921	1120
	青贮青饲高粱	3.8	1645	61886	77015
	青贮专用玉米	12.2	1777	216543	727400
	饲用块根块茎作物	1.9	1609	30240	
	苏丹草	6.9	2093	144093	33819
	燕麦	1.7	1581	27110	
	紫云英（非绿肥）	9.7	1932	187191	500
广 东		28.0	1163	325525	
	冬牧 70 黑麦	5.4	1171	63700	
	多花黑麦草	16.5	1005	165828	
	墨西哥类玉米	1.3	1294	16300	
	其他一年生牧草	0.0	700	126	
	青贮青饲高粱	0.2	1533	2300	
	青贮专用玉米	4.1	1831	74160	
	小黑麦	0.1	930	512	
	紫云英（非绿肥）	0.5	510	2600	
广 西		27.0	897	242051	110360
	冬牧 70 黑麦	0.5	748	3440	
	多花黑麦草	14.2	824	117280	2560
	苦荬菜	0.1	860	860	
	毛苕子（非绿肥）	0.9	863	7893	
	墨西哥类玉米	2.5	967	24645	7230
	其他一年生牧草	0.3	969	3034	1200
	青贮青饲高粱	0.6	1030	5994	3900
	青贮专用玉米	7.3	1027	75350	95420
	苏丹草	0.0	710	71	
	小黑麦	0.4	666	2530	

3-14　各地区分种类一年生牧草生产情况（续）

单位：万亩、公斤/亩、吨

地　区	牧草种类	当年新增种草面积	平均产量	总产量	青贮量
	紫云英（非绿肥）	0.1	796	955	50
海　南		2.6	833	21740	
	虎尾草	1.0	1	10	
	其他一年生牧草	1.6	1350	21730	
重　庆		52.3	1083	566302	179690
	冬牧 70 黑麦	0.3	696	1755	
	多花黑麦草	25.7	1142	293737	11030
	马唐	0.1	650	650	1500
	墨西哥类玉米	0.5	1467	6647	800
	其他一年生牧草	2.3	947	21790	10210
	青贮青饲高粱	5.6	1311	73714	20337
	青贮专用玉米	9.0	1155	103771	115363
	饲用块根块茎作物	6.6	644	42160	17250
	苏丹草	1.0	1532	15170	3200
	燕麦	0.9	500	4500	
	籽粒苋	0.2	500	750	
	紫云英（非绿肥）	0.2	677	1658	
四　川		659.6	1297	8555917	544478
	大麦	1.9	531	9841	1450
	冬牧 70 黑麦	10.8	1196	129400	
	多花黑麦草	158.0	1224	1933823	36455
	箭筈豌豆	13.2	2068	273555	
	苦荬菜	0.3	865	2925	
	毛苕子（非绿肥）	132.1	1222	1614010	325
	墨西哥类玉米	15.0	710	106653	9005
	其他一年生牧草	137.9	1584	2184925	54450
	青贮青饲高粱	20.2	1570	316513	3130
	青贮专用玉米	64.8	1348	872760	434233
	饲用块根块茎作物	39.9	663	264590	9
	苏丹草	7.5	1430	107334	4291
	小黑麦	0.0	1550	465	
	燕麦	45.8	1460	668115	1100

3-14 各地区分种类一年生牧草生产情况（续）

单位：万亩、公斤/亩、吨

地区	牧草种类	当年新增种草面积	平均产量	总产量	青贮量
	籽粒苋	8.1	675	54384	30
	紫云英（非绿肥）	4.2	399	16624	
贵州		130.6	1418	1850694	1253612
	大麦	1.4	737	10020	
	冬牧70黑麦	0.5	1260	5796	
	多花黑麦草	64.5	1052	678059	101041
	箭筈豌豆	6.3	575	36200	
	马唐	0.5	2700	12420	
	毛苕子（非绿肥）	0.4	461	1632	
	墨西哥类玉米	1.0	3000	29400	15330
	其他一年生牧草	1.3	1487	19920	
	青贮青饲高粱	12.5	2275	284810	309150
	青贮专用玉米	36.4	2047	744617	825592
	饲用甘蓝	2.5	500	12500	
	苏丹草	0.2	2471	5190	2500
	小黑麦	1.8	150	2700	
	紫云英（非绿肥）	1.4	520	7430	
云南		296.1	826	2446987	861630
	大麦	13.2	697	91994	73000
	冬牧70黑麦	0.4	1000	4200	
	多花黑麦草	101.7	825	839346	42252
	箭筈豌豆	1.1	596	6680	
	毛苕子（非绿肥）	57.0	600	341934	8
	其他一年生牧草	39.4	822	324205	12069
	青贮青饲高粱	0.8	967	8007	9310
	青贮专用玉米	51.7	1219	630772	724988
	饲用块根块茎作物	17.6	549	96330	3
	饲用青稞	2.0	600	12000	
	小黑麦	4.5	900	40498	
	燕麦	6.6	779	51023	
西藏		28.6	296	84688	
	大麦	0.1	100	100	

3-14　各地区分种类一年生牧草生产情况（续）

单位：万亩、公斤/亩、吨

地　区	牧草种类	当年新增种草面积	平均产量	总产量	青贮量
	箭筈豌豆	1.9	228	4374	
	其他一年生牧草	0.8	293	2343	
	青贮专用玉米	5.8	343	19748	
	饲用青稞	2.3	346	7792	
	小黑麦	0.4	300	1200	
	燕麦	17.4	283	49132	
陕　西		127.7	803	1025365	1390092
	草木樨	0.7	449	3190	
	冬牧 70 黑麦	1.1	729	7730	1000
	多花黑麦草	0.9	683	6145	16500
	毛苕子（非绿肥）	0.4	469	1690	130
	墨西哥类玉米	0.9	567	5100	4500
	其他一年生牧草	24.1	439	105635	70415
	青贮青饲高粱	2.1	908	19114	7491
	青贮专用玉米	82.7	896	740957	1276956
	饲用块根块茎作物	2.3	550	12650	10000
	苏丹草	0.1	1200	600	100
	小黑麦	0.0	650	195	
	燕麦	12.5	982	122265	3000
	紫云英（非绿肥）	0.0	434	95	
甘　肃		438.4	755	3312029	1465161
	草谷子	25.8	469	120986	26165
	大麦	1.8	330	5781	1500
	冬牧 70 黑麦	5.2	486	25270	
	多花黑麦草	0.0	650	195	
	箭筈豌豆	23.9	447	106639	29400
	毛苕子（非绿肥）	2.5	515	12625	
	其他一年生牧草	17.6	503	88400	
	青贮青饲高粱	30.9	836	258566	115555
	青贮专用玉米	154.2	1140	1757467	1235411
	饲用块根块茎作物	4.0	325	12972	2400
	饲用青稞	3.5	407	14205	
	苏丹草	0.1	450	450	

3-14 各地区分种类一年生牧草生产情况（续）

单位：万亩、公斤/亩、吨

地 区	牧草种类	当年新增种草面积	平均产量	总产量	青贮量
	小黑麦	11.2	805	90110	
	燕麦	157.9	518	818364	54730
青 海		247.6	709	1754660	422774
	多花黑麦草	6.0	400	24000	20000
	其他一年生牧草	2.2	571	12560	
	青莜麦	15.0	800	120080	35000
	青贮专用玉米	23.7	888	210410	70181
	饲用块根块茎作物	3.0	1000	30000	
	饲用青稞	5.0	350	17500	
	燕麦	192.7	695	1340110	297593
宁 夏		186.5	1156	2154651	1581637
	草谷子	18.1	242	43819	20
	冬牧 70 黑麦	4.6	667	30368	7638
	其他一年生牧草	10.0	800	80000	
	青贮青饲高粱	48.6	2009	976363	7203
	青贮专用玉米	60.6	1426	863809	1566637
	苏丹草	8.0	100	8000	
	燕麦	36.6	416	152293	140
新 疆		679.8	1509	10259438	3566636
	草木樨	24.3	366	89088	1958
	大麦	0.5	130	624	1163
	箭筈豌豆	2.7	300	7950	
	其他一年生牧草	21.6	388	83945	17017
	青贮青饲高粱	24.0	2520	605880	215021
	青贮专用玉米	533.8	1658	8850257	3328948
	饲用块根块茎作物	63.2	844	533010	
	饲用青稞	0.2	380	684	220
	苏丹草	4.3	1556	66590	2310
	燕麦	5.2	412	21410	
新疆兵团		30.6	1226	375184	586910
	大麦	0.2	350	525	
	其他一年生牧草	0.5	600	2700	
	青贮专用玉米	30.0	1240	371959	586910

3-15　各地区多花黑麦草生产情况

单位：万亩、公斤/亩、吨

地　　区	当年新增种草面积	平均产量	总产量	青贮量
全　　国	**581**	**1125**	**6541807**	**549843**
山　　西	1.0	1000	10000	5000
江　　苏	5.7	951	54511	12640
安　　徽	14.6	808	117690	2103
福　　建	2.8	397	11057	
江　　西	105.0	1064	1117138	62246
河　　南	0.3	645	2130	
湖　　北	28.9	1897	547819	58578
湖　　南	38.1	1676	638050	179454
广　　东	16.5	1005	165828	
广　　西	14.2	824	117280	2560
重　　庆	25.7	1142	293737	11030
四　　川	158.0	1224	1933823	36455
贵　　州	64.5	1052	678059	101041
云　　南	99.2	831	824346	42237
陕　　西	0.9	683	6145	16500
甘　　肃	0.0	650	195	
青　　海	6.00	400	24000	20000

3-16 全国牧区半牧区分种类一年生牧草种植情况

单位：万亩

牧草类型	牧草种类	当年种植面积		
		合计	半牧区	牧 区
全 国	**总 计**	**2697.4**	**2070.2**	**627.2**
一年生草本	合 计	607.8	378.8	229.0
	稗	0.1	0.1	
	草谷子	55.1	39.2	15.9
	草木樨	10.9	9.9	1.0
	大麦	10.0	4.6	5.4
	多花黑麦草	8.7	8.6	0.1
	冬牧 70 黑麦	3.0	3.0	0.6
	箭筈豌豆	17.0	16.4	15.9
	苦荬菜	0.04	0.04	
	毛苕子（非绿肥）	126.8	110.9	
	墨西哥类玉米	43.2		43.2
	青莜麦	64.3	39.0	25.3
	苏丹草	13.0	2.1	10.9
	小黑麦	8.90		8.90
	其他一年生牧草	246.7	145.1	101.7
饲用作物	合 计	2089.6	1691.4	398.2
	青饲、青贮高粱	179.7	130.7	49.0
	青贮专用玉米	1468.0	1305.9	162.1
	燕麦	374.5	191.8	182.7
	饲用块根块茎作物	60.9	60.4	0.5
	饲用青稞	6.6	2.7	3.9

3-17 各地区牧区半牧区分种类一年生牧草生产情况

单位：万亩、公斤/亩、吨

地区	牧草种类	当年新增种草面积	平均产量	总产量	青贮量
全国		**2697.4**	**1413**	**38108615**	**30922962**
河北		92.1	974	896750	900150
	青莜麦	3.0	400	12000	
	青贮专用玉米	88.8	996	883550	900150
	燕麦	0.3	400	1200	
山西		1.6	250	4000	500
	燕麦	1.6	250	4000	500
内蒙古		1536.6	1644	25264211	23201002
	草谷子	39.1	478	187036	
	草木樨	6.8	328	22300	
	大麦	8.9	335	29850	
	苦荬菜	0.04	2950	1180	
	墨西哥类玉米	43.2	1000	432400	30000
	其他一年生牧草	136.0	1062	1443693	172920
	青莜麦	61.3	147	89918	
	青贮青饲高粱	172.1	2036	3502750	2645000
	青贮专用玉米	962.1	1959	18847340	20193082
	饲用块根块茎作物	13.0	1669	217000	
	苏丹草	2.9	668	19440	
	燕麦	91.1	517	471303	160000
	稗	0.1	1200	1200	
辽宁		26.2	1189	311898	698700
	青贮专用玉米	26.1	1189	310698	698700
吉林		70.0	1551	1084940	853840
	青贮专用玉米	48.6	1993	967740	853840
	饲用块根块茎作物	6.2	639	39600	
	燕麦	15.2	511	77600	
黑龙江		101.1	1143	1155757	2834364
	青贮专用玉米	101.1	1143	1155757	2834364
四川		295.1	1523	4493601	325
	多花黑麦草	8.7	2177	189846	
	箭筈豌豆	13.2	2071	273360	
	毛苕子（非绿肥）	126.8	1254	1590160	325
	其他一年生牧草	99.7	1754	1748250	
	饲用块根块茎作物	1.2	2160	26790	
	燕麦	45.4	1465	665195	
云南		16.9	547	92380	3

3-17 各地区牧区半牧区分种类一年生牧草生产情况（续）

单位：万亩、公斤/亩、吨

地 区	牧草种类	当年新增种草面积	平均产量	总产量	青贮量
	饲用块根块茎作物	14.9	539	80380	3
	饲用青稞	2.0	600	12000	
西 藏		6.4	323	20731	
	箭筈豌豆	0.4	280	980	
	青贮专用玉米	0.4	350	1260	
	饲用青稞	1.1	407	4360	
	燕麦	4.6	305	14131	
甘 肃		132.8	581	771420	240876
	草谷子	7.0	340	23800	
	大麦	0.6	350	2205	
	冬牧 70 黑麦	3.00	362	10860	
	箭筈豌豆	0.8	485	4072	
	其他一年生牧草	0.2	800	1600	
	青贮青饲高粱	6.6	664	43800	
	青贮专用玉米	11.2	1139	127132	215876
	饲用青稞	3.5	407	14205	
	小黑麦	8.9	791	70430	
	燕麦	90.9	520	473316	25000
青 海		106.7	677	722420	103462
	其他一年生牧草	2.2	571	12560	
	青贮专用玉米	3.5	660	23100	
	燕麦	101.0	680	686760	103462
宁 夏		42.6	369	156800	54000
	草谷子	9.0	350	31500	
	青贮青饲高粱	1.0	1200	12000	
	青贮专用玉米	5.4	1000	54000	54000
	苏丹草	8.0	100	8000	
	燕麦	19.2	268	51300	
新 疆		269.5	1163	3133707	2035741
	草木樨	4.1	314	12740	
	大麦	0.5	130	624	1163
	箭筈豌豆	2.7	300	7950	
	其他一年生牧草	8.7	371.0	32200.0	1.2
	青贮专用玉米	220.9	1293	2856458	2032047
	饲用块根块茎作物	25.5	746	190260	
	苏丹草	2.1	594	12240	220
	燕麦	5.2	412	21375	2310

3-18　各地区半牧区分种类一年生牧草生产情况

单位：万亩、公斤/亩、吨

地　区	牧草种类	当年新增种草面积	平均产量	总产量	青贮量
全　国		**2070**	**1444**	**29899925**	**27213877**
河　北		92.1	974	896750	900150
	青莜麦	3.0	400	12000	
	青贮专用玉米	88.8	996	883550	900150
	燕麦	0.3	400	1200	
山　西		1.6	250	4000	500
	燕麦	1.6	250	4000	500
内蒙古		1199.7	1731	20765296	20749203
	草谷子	23.2	515	119470	
	草木樨	5.8	350	20300	
	大麦	3.5	321	11250	
	苦荬菜	0.04	2950	1180	
	其他一年生牧草	70.0	964	674600	46920
	青莜麦	36.0	84	30100	
	青贮青饲高粱	123.1	2179	2681250	2295000
	青贮专用玉米	865.8	1937	16767046	18397283
	饲用块根块茎作物	13.0	1669	217000	
	苏丹草	0.1	2500	1250	
	燕麦	59.3	408	241850	10000
辽　宁		26.2	1189	311898	698700
	稗	0.1	1200	1200	
	青贮专用玉米	26.1	1189	310698	698700
吉　林		70.0	1551	1084940	853840
	青贮专用玉米	48.6	1993	967740	853840
	饲用块根块茎作物	6.2	639	39600	
	燕麦	15.2	511	77600	
黑龙江		86.4	1108	957307	2499640
	青贮专用玉米	86.4	1108	957307	2499640
四　川		200.4	1212	2428965	325
	多花黑麦草	8.6	2186	188240	
	箭筈豌豆	13.2	2071	273360	
	毛苕子（非绿肥）	110.9	1076	1192660	325
	其他一年生牧草	66.2	1123	743250	
	饲用块根块茎作物	0.8	2550	19890	
	燕麦	0.7	1629	11565	

3-18 各地区半牧区分种类一年生牧草生产情况（续）

单位：万亩、公斤/亩、吨

地区	牧草种类	当年新增种草面积	平均产量	总产量	青贮量
云南		16.9	547	92380	3
	饲用块根块茎作物	14.9	539	80380	3
	饲用青稞	2.0	600	12000	
西藏		3.9	311	12155	
	箭筈豌豆	0.4	280	980	
	青贮专用玉米	0.4	350	1260	
	饲用青稞	0.4	360	1260	
	燕麦	2.9	304	8655	
甘肃		97.0	551	534655	215876
	草谷子	7.0	340	23800	
	大麦	0.6	350	2205	
	冬牧70黑麦	3.0	362	10860	
	箭筈豌豆	0.24	447	1072	
	其他一年生牧草	0.2	800	1600	
	青贮青饲高粱	6.6	664	43800	
	青贮专用玉米	11.2	1139	127132	215876
	饲用青稞	0.3	150	450	
	燕麦	67.9	477	323736	
青海		25.1	695	174510	60000
	青贮专用玉米	3.5	660	23100	
	燕麦	21.6	701	151410	60000
宁夏		27.2	323	87800	
	草谷子	9.0	350	31500	
	青贮青饲高粱	1.0	1200	12000	
	燕麦	17.2	258	44300	
新疆		223.8	1139	2549269	1235641
	草木樨	4.1	314	12740	
	大麦	0.5	130	624	1162.8
	箭筈豌豆	2.7	300	7950	
	其他一年生牧草	8.6	371	32060	1
	青贮专用玉米	175.3	1296	2272260	1232167.2
	饲用块根块茎作物	25.5	746	190260	
	苏丹草	2.0	600	12000	
	燕麦	5.19	412	21375	2310

3-19　各地区牧区分种类一年生牧草生产情况

单位：万亩、公斤/亩、吨

地　区	牧草种类	当年新增种草面积	平均产量	总产量	青贮量
合　计		**627**	**1309**	**8208690**	**3709085**
内蒙古		336.9	1335	4498915	2451799
	草谷子	15.9	424	67566	
	草木樨	1.0	200	2000	
	大麦	5.4	344	18600	
	墨西哥类玉米	43.2	1000	432400	30000
	其他一年生牧草	66.0	1166	769093	126000
	青莜麦	25.3	237	59818	
	青贮青饲高粱	49.0	1677	821500	350000
	青贮专用玉米	96.4	2158	2080294	1795799
	苏丹草	2.9	636	18190	
	燕麦	31.8	721	229453	150000
黑龙江		14.7	1350	198450	334724
	青贮专用玉米	14.7	1350	198450	334724
四　川		94.7	2181	2064636	
	多花黑麦草	0.1	1460	1606	
	毛苕子（非绿肥）	15.9	2500	397500	
	其他一年生牧草	33.5	3000	1005000	
	饲用块根块茎作物	0.5	1500	6900	
	燕麦	44.7	1462	653630	
西　藏		2.5	342	8576	
	饲用青稞	0.7	431	3100	
	燕麦	1.8	307	5476	
甘　肃		35.7	663	236765	25000
	箭筈豌豆	0.6	500	3000	
	饲用青稞	3.2	431	13755	
	小黑麦	8.9	791	70430	
	燕麦	23.0	649	149580	25000
青　海		81.6	671	547910	43462
	其他一年生牧草	2.2	571	12560	
	燕麦	79.4	674	535350	43462
宁　夏		15.4	448	69000	54000
	青贮专用玉米	5.4	1000	54000	54000
	苏丹草	8.0	100	8000	
	燕麦	2.0	350	7000	
新　疆		45.7	1280	584438	800100
	青贮专用玉米	45.6	1280	584198	799880
	苏丹草	0.1	400	240	220

四、牧草种子生产情况

3-20 2013—2017年全国分种类

牧草种类	2013		2014	
	种子田面积	种子田产量	种子田面积	种子田产量
合　计	**144.41**	**72238.5**	**142.68**	**82256.7**
多年生小计	98.12	28244.5	100.06	32968.6
冰草	0.60	85.0	2.21	359.5
串叶松香草				
多年生黑麦草	0.19	113.7	0.53	844.5
狗尾草（多年生）	0.50	20.0	0.40	13.0
红豆草	1.69	1121.5	1.42	915.0
胡枝子	0.63	72.5	0.13	15.0
碱茅	0.60	90.0	0.60	107.0
菊苣	0.07	8.0	0.07	8.0
狼尾草（多年生）	0.14	37.0	0.55	142.0
老芒麦	6.20	2444.6	7.84	3141.1
罗顿豆		1.1		1.1
猫尾草	1.11	118.6	0.60	30.0
披碱草	14.76	8082.0	14.02	7627.2
旗草（臂形草）		132.0	0.05	13.0
三叶草	0.59	215.3	0.13	40.6
沙打旺	2.10	756.0	2.10	2306.0
苇状羊茅	0.02	4.5	0.02	0.2
无芒雀麦			0.01	0.5
鸭茅	1.56	523.2	1.08	209.7
羊草	3.12	339.4	3.54	757.9
羊柴				528.0
野豌豆	0.30	330.0	0.30	340.5
圆叶决明	0.01	1.5	0.01	1.5
早熟禾				

牧草种子田生产情况

单位：万亩

2015		2016		2017	
种子田面积	种子田产量	种子田面积	种子田产量	种子田面积	种子田产量
132.58	**71960.7**	**126.33**	**70820.7**	**145.98**	**70916.9**
91.52	26809.27	98.10	29769.2	92.73	26080.0
1.735	290	0.43	42.0	0.10	1.0
				0.03	21.0
0.485	225.5	0.38	159.6	0.66	143.9
0.5	10	0.52	12.0	1.00	10.0
1.996	1262.45	1.99	1260.0	2.22	1125.8
0.13	7.45				
0.6	90				
0.05	5	0.08	8.6	0.08	8.6
0.05	40			0.06	7.5
5.845	2478.5	10.85	3603.5	6.30	2607.0
0.003	1.05	0.01	1.8	0.01	1.7
1.15	142	0.31	45.0	0.10	30.0
16.05	8476.1	17.43	9830.6	14.01	8208.2
0.05	10	0.05	10.0	0.11	1.1
0.224	45.12	0.14	35.9	0.35	34.0
0.5	125	1.50	312.5	1.00	162.5
0.1	20	0.10	20.0		
0.05	4.3	0.51	100.1	0.51	103.5
6.07	718	6.09	748.0	4.14	478.2
0.3	330	0.04			
0.005	1.5	0.01	1.5	0.01	1.5
				2.19	310.5

3-20 2013—2017年全国分种类

牧草种类	2013		2014	
	种子田面积	种子田产量	种子田面积	种子田产量
柱花草	0.35	98.7	0.35	197.5
紫花苜蓿	57.45	12043.6	57.81	14256.6
其他多年生牧草	6.13	1606.3	6.31	1113.4
半灌木小计	1.50	900.0	1.50	4796.4
多花木兰				
柠条	1.50	900.0	1.50	4796.4
沙蒿				
一年生草本小计	44.79	43094.0	41.12	44491.7
草谷子	0.52	1070.0		
草木樨	1.00	245.0	0.80	503.0
楚雄南苜蓿			0.05	12.0
大麦	0.38	1310.0	0.10	210.0
冬牧 70 黑麦	0.49	893.5	0.28	486.5
多花黑麦草	3.63	1285.6	1.83	792.1
高粱苏丹草杂交种			2.52	35.8
箭筈豌豆	0.80	820.0	0.61	613.5
苦荬菜				
马唐				
毛苕子（非绿肥）	2.94	615.0	15.91	6922.8
墨西哥类玉米	1.03	370.3		
雀稗	0.23	113.0	0.23	113.0
苏丹草	0.04	11.0	0.20	200.5
小黑麦	6.12	9210.0	6.10	9150.0
燕麦	11.06	20379.8	12.23	25247.5
紫云英（非绿肥）	1.26	630.0	0.01	30.5
其他一年生牧草	15.29	6140.8	0.26	174.5

牧草种子田生产情况（续）

单位：万亩

2015		2016		2017	
种子田面积	种子田产量	种子田面积	种子田产量	种子田面积	种子田产量
49.676	11282.5	52.62	12577.4	57.35	12216.5
5.952	1244.8	5.05	1000.8	2.51	607.5
0.85	385	0.15	25.0		
0.85	385	0.15	25.0		
40.204	44766.426	28.08	41026.6	53.25	44837.0
				3.20	4352.0
0.3	85	0.10	30.0	0.30	90.0
				0.10	120.0
0.31	485	0.32	642.0	0.10	183.0
1.549	828	0.70	294.2	4.73	1200.7
3.71	3753.5	4.21	3943.5	3.90	3850.0
				0.02	3.0
					0.3
15.805	5941.126	4.32	1533.1	3.82	1576.5
0.035	13.5	0.03	12.0	2.41	364.0
		0.20	100.0	0.20	40.0
0.32	307	0.22	247.0	8.01	4002.5
5.03	7590	5.10	7900.0	3.00	4500.0
12.99	25702	12.67	25882.5	14.04	20978.0
				2.26	548.0
0.155	61.3	0.22	442.3	7.16	3029.0

3-21 各地区分种类牧草种子生产情况

单位：万亩、公斤/亩、吨

省区	牧草种类	草种田面积	平均产量	草场采种量	草种生产量	草种销售量
全国		**145.98**	**49**	**12775.97**	**83692.91**	**16523.98**
河北		0.56	24	5.12	137.32	12.30
	草木樨	0.30	30		90.00	
	披碱草	0.16	20	5.12	37.32	2.30
	紫花苜蓿	0.10	10		10.00	10.00
内蒙古		14.06	23	4718.60	7996.50	2872.60
	冰草	0.10	1	31.00	32.00	
	柠条			1658.40	1658.40	81.40
	其他多年生牧草	0.15	5	56.00	63.00	
	沙打旺	0.50	13	168.00	230.50	62.50
	沙蒿			1970.00	1970.00	900.00
	燕麦	0.60	167		1000.00	600.00
	羊草	0.02	1		0.20	
	羊柴			820.00	820.00	140.00
	紫花苜蓿	12.69	17	15.20	2222.40	1088.70
吉林		3.30	10	71.00	410.40	103.00
	羊草	3.20	11	71.00	409.00	103.00
	紫花苜蓿	0.10	1		1.40	
黑龙江		1.22	12	59.00	208.00	22.00
	羊草	0.92	15	50.00	190.00	22.00
	紫花苜蓿	0.30	3	9.00	18.00	
安徽		0.20	50	100.00	200.00	30.00
	紫云英（非绿肥）	0.20	50	100.00	200.00	30.00
江西		0.14	50		70.00	
	多花黑麦草	0.14	50		70.00	
山东		0.70	23		157.50	123.00
	紫花苜蓿	0.70	23		157.50	123.00
河南		0.03	70		21.00	21.00

3-21　各地区分种类牧草种子生产情况（续）

单位：万亩、公斤/亩、吨

省　区	牧草种类	草种田面积	平均产量	草场采种量	草种生产量	草种销售量
	串叶松香草	0.03	70		21.00	21.00
湖　北		0.62	42	9.00	269.12	23.58
	白三叶	0.27	5		14.50	
	大麦	0.10	120		120.00	
	多花黑麦草	0.09	55		47.52	1.58
	多年生黑麦草	0.12	56		65.10	22.00
	苦荬菜	0.02	15	2.00	5.00	
	毛苕子（非绿肥）	0.02	30	5.00	11.00	
	墨西哥类玉米	0.01	40	2.00	6.00	
湖　南		8.60	19	1719.50	3379.67	3329.40
	白三叶	0.02	40		8.00	
	多花黑麦草	4.20	24	212.00	1232.15	545.00
	多年生黑麦草	0.54	15	84.50	163.32	73.39
	狼尾草	0.05	15	40.00	47.50	20.00
	罗顿豆	0.01	34		1.70	
	墨西哥类玉米	2.40	15	196.00	556.00	324.00
	牛鞭草		50		0.50	5.00
	其他多年生牧草	0.05	75		37.50	
	其他一年生牧草	0.11	46	1000.00	1051.00	2200.00
	苏丹草	0.01	50		2.50	
	圆叶决明	0.01	30		1.50	
	紫云英（非绿肥）	1.21	8	187.00	278.00	162.01
海　南		1.01	1		12.50	
	狗尾草	1.00	1		10.00	
	其他多年生牧草	0.01	25		2.50	
重　庆		0.01	15	1.50	3.30	
	白三叶	0.01	15	1.50	3.00	
	马唐		15		0.30	

3-21 各地区分种类牧草种子生产情况（续）

单位：万亩、公斤/亩、吨

省 区	牧草种类	草种田面积	平均产量	草场采种量	草种生产量	草种销售量
四 川		12.51	52	712.00	7156.99	951.50
	箭筈豌豆	2.00	90		1800.00	15.00
	毛苕子（非绿肥）	3.40	43	712.00	2162.49	63.00
	披碱草	0.08	30		24.00	
	其他一年生牧草	6.00	45		2698.00	830.00
	鸭茅	0.01	35		3.50	3.50
	燕麦	0.17	66		112.00	40.00
	紫云英（非绿肥）	0.85	42		357.00	
贵 州		2.55	23		583.00	60.00
	多花黑麦草	0.30	21		63.00	20.00
	其他多年生牧草	1.00	20		200.00	
	其他一年生牧草	1.05	27		280.00	
	雀稗	0.20	20		40.00	40.00
云 南		0.66	23	130.00	279.11	236.00
	狼尾草	0.01	0	30.00	30.00	
	毛苕子（非绿肥）	0.40	30	100.00	220.00	220.00
	旗草	0.11	1		1.11	
	燕麦	0.02	50		10.00	
	紫花苜蓿	0.12	15		18.00	16.00
西 藏		1.00	16		156.00	
	紫花苜蓿	1.00	16		156.00	
陕 西		3.77	25	380.00	1306.00	370.00
	冬牧 70 黑麦	0.10	178		183.00	180.00
	柠条			120.00	120.00	40.00
	沙打旺			200.00	200.00	40.00
	小冠花	0.10	20		20.00	10.00
	紫花苜蓿	3.57	20	60.00	783.00	100.00
甘 肃		54.19	59	528.20	32336.65	4388.60

3-21 各地区分种类牧草种子生产情况（续）

单位：万亩、公斤/亩、吨

省 区	牧草种类	草种田面积	平均产量	草场采种量	草种生产量	草种销售量
	草谷子	3.20	136		4352.00	
	红豆草	2.22	51		1125.75	
	红三叶	0.05	20		10.00	9.20
	箭筈豌豆	1.90	108		2050.00	200.00
	菊苣	0.05	10	1.00	6.00	1.00
	猫尾草	0.10	30		30.00	28.00
	披碱草	3.00	45		1350.00	
	小黑麦	3.00	150		4500.00	
	沙打旺	0.50	20		100.00	
	燕麦	6.32	172		10848.00	250.00
	紫花苜蓿	33.85	22	527.20	7964.90	3900.40
青 海		23.39	67	1154.00	16771.50	1800.00
	老芒麦	6.30	41	500.00	3107.00	500.00
	披碱草	10.77	63	4.00	6806.00	
	其他多年生牧草	1.20	28		340.00	
	燕麦	2.93	190	650.00	6208.00	1300.00
	早熟禾	2.19	14		310.50	
宁 夏		12.80	60	3155.00	10841.00	2156.00
	苏丹草	8.00	50		4000.00	1800.00
	燕麦	4.00	86	2975.00	6425.00	220.00
	紫花苜蓿	0.80	30	180.00	416.00	136.00
新 疆		3.82	26	33.05	1015.65	25.00
	菊苣	0.03	12		3.60	
	紫花苜蓿	3.79	26	33.05	1012.05	25.00
新疆兵团		0.83	46		381.70	
	鸭茅	0.50	20		100.00	
	紫花苜蓿	0.33	85		281.70	

3-22 全国牧区半牧区分种类

牧草类型	牧草种类	牧区半牧区		
		草种田面积	草场采种量	草种生产量
全　国	**总　计**	**85.6**	**6062.6**	**52611.3**
多年生	合　计	52.3	1903.6	17964.8
	冰草	0.1		1.0
	老芒麦	6.3	500.0	3107.0
	猫尾草	0.1		30.0
	披碱草	14.0	9.12	8217.3
	三叶草	0.1		10.0
	沙打旺	1.0	168.0	330.5
	羊草	3.2	91.0	471.2
	羊柴		820.0	820.0
	早熟禾	2.2		310.5
	紫花苜蓿	24.0	259.5	4264.3
	其他多年生牧草	1.4	56.0	403.0
灌木或半灌木	合　计		3447.0	3447.0
	柠条		1477.0	1477.0
	沙蒿		1970.0	1970.0
一年生	合　计	33.2	712.0	31199.5
	草谷子	3.2		4352.0
	草木樨	0.3		90.0
	箭筈豌豆	2.0		1800.0
	毛苕子（非绿肥）	3.4	712.0	2162.5
	苏丹草	8.0		4000.0
	小黑麦	3.0		4500.0
	燕麦	6.5		11240.0
	紫云英（非绿肥）	0.9		357.0
	其他一年生牧草	6.0		2698.0

牧草种子生产情况

单位：万亩、吨

牧区			半牧区		
草种田面积	草场采种量	草种生产量	草种田面积	草场采种量	草种生产量
43.6	**4236.3**	**28400.3**	**42.0**	**1826.3**	**24211.0**
26.9	1306.3	12108.3	25.4	597.3	5856.5
0.1		1.0			
6.2	500.0	3065.0	0.1		42.0
			0.1		30.0
10.7	4.00	6278.0	3.3	5.12	1939.3
			0.1		10.0
			1.0	168.0	330.5
		0.2	3.2	91.0	471.0
	720.0	720.0		100.0	100.0
1.8		250.5	0.4		60.0
6.8	32.3	1402.6	17.2	227.2	2861.7
1.3	50.0	391.0	0.1	6.0	12.0
	2930.0	2930.0		517.0	517.0
	960.0	960.0		517.0	517.0
	1970.0	1970.0			
16.7		13362.0	16.6	712.0	17837.5
			3.2		4352.0
			0.3		90.0
			2.0		1800.0
			3.4	712.0	2162.5
8.0		4000.0			
3.0		4500.0			
2.2		3112.0	4.3		8128.0
			0.9		357.0
3.5		1750.0	2.5		948.0

3-23 各地区牧区半牧区分种类牧草种子生产情况

单位：万亩、公斤/亩、吨

省 区	牧草种类	草种田面积	平均产量	草场采种量	草种生产量	草种销售量
总 计		**85.56**	**54.4**	**6062.6**	**52611.3**	**5936.9**
河 北		0.56	23.6	5.1	137.3	12.3
	草木樨	0.30	30.0	0.0	90.0	
	披碱草	0.16	20.0	5.1	37.3	2.3
	紫花苜蓿	0.10	10.0		10.0	10.0
内蒙古		10.41	20.0	4491.0	6571.4	2081.0
	冰草	0.10	1.0		1.0	
	柠条			1477.0	1477.0	80.0
	其他多年生牧草	0.15	4.7	56.0	63.0	
	沙打旺	0.50	12.5	168.0	230.5	62.5
	沙蒿			1970.0	1970.0	900.0
	燕麦	0.40	150.0		600.0	200.0
	羊草	0.02	1.0		0.2	
	羊柴			820.0	820.0	140.0
	紫花苜蓿	9.24	15.3		1409.7	698.5
吉 林		2.40	10.1	41.0	282.4	63.0
	羊草	2.30	10.4	41.0	281.0	63.0
	紫花苜蓿	0.10	1.4		1.4	
黑龙江		0.92	15.2	50.0	190.0	22.0
	羊草	0.92	15.2	50.0	190.0	22.0
四 川		12.50	51.5	712.0	7153.5	948.0
	箭筈豌豆	2.00	90.0		1800.0	15.0
	毛苕子（非绿肥）	3.40	42.7	712.0	2162.5	63.0

3-23　各地区牧区半牧区分种类牧草种子生产情况（续）

单位：万亩、公斤/亩、吨

省　区	牧草种类	草种田面积	平均产量	草场采种量	草种生产量	草种销售量
	披碱草	0.08	30.0		24.0	
	其他一年生牧草	6.00	45.0		2698.0	830.0
	燕麦	0.17	65.9		112.0	40.0
	紫云英（非绿肥）	0.85	42.0		357.0	
甘　肃		25.94	81.2	227.2	21296.4	510.6
	草谷子	3.20	136.0		4352.0	
	红三叶	0.05	20.0		10.0	9.2
	猫尾草	0.10	30.0		30.0	28.0
	披碱草	3.00	45.0		1350.0	
	小黑麦	3.00	150.0		4500.0	
	沙打旺	0.50	20.0		100.0	
	燕麦	5.00	180.0		9000.0	250.0
	紫花苜蓿	11.09	15.6	227.2	1954.4	223.4
青　海		21.39	54.2	504.0	12091.5	500.0
	老芒麦	6.30	41.4	500.0	3107.0	500.0
	披碱草	10.77	63.2	4.0	6806.0	
	其他多年生牧草	1.20	28.3		340.0	
	燕麦	0.93	164.3		1528.0	
	早熟禾	2.19	14.2		310.5	
宁　夏		8.00	50.0		4000.0	1800.0
	苏丹草	8.00	50.0		4000.0	1800.0
新　疆		3.44	24.9	32.3	888.8	
	紫花苜蓿	3.44	24.9	32.3	888.8	

3-24 各地区半牧区分种类牧草种子生产情况

单位：万亩、公斤/亩、吨

省 区	牧草种类	草种田面积	平均产量	草场采种量	草种生产量	草种销售量
总 计		**41.98**	**53**	**1826**	**24211**	**1568**
河 北		0.56	24	5	137	12
	草木樨	0.30	30		90	
	披碱草	0.16	20	5	37	2
	紫花苜蓿	0.10	10		10	10
内蒙古		6.81	23	791	2355	753
	柠条			517	517	80
	其他多年生牧草	0.05	12	6	12	
	沙打旺	0.50	13	168	231	63
	燕麦	0.40	150		600	200
	羊柴			100	100	
	紫花苜蓿	5.86	15		896	410
吉 林		2.40	10	41	282	63
	羊草	2.30	10	41	281	63
	紫花苜蓿	0.10	1		1	
黑龙江		0.92	15	50	190	22
	羊草	0.92	15	50	190	22
四 川		8.75	52	712	5267	208
	箭筈豌豆	2.00	90		1800	15
	毛苕子（非绿肥）	3.40	43	712	2162	63
	其他一年生牧草	2.50	38		948	130
	紫云英（非绿肥）	0.85	42		357	
甘 肃		17.94	68	227	12446	511
	草谷子	3.20	136		4352	
	红三叶	0.05	20		10	9
	猫尾草	0.10	30		30	28
	沙打旺	0.50	20		100	
	燕麦	3.00	200		6000	250
	紫花苜蓿	11.09	16	227	1954	223
青 海		4.60	77		3532	
	老芒麦	0.10	42		42	
	披碱草	3.17	60		1902	
	燕麦	0.93	164		1528	
	早熟禾	0.40	15		60	

3-25　各地区牧区分种类牧草种子生产情况

单位：万亩、公斤/亩、吨

省　区	牧草种类	草种田面积	平均产量	草场采种量	草种生产量	草种销售量
总　计		**43.6**	**55.4**	**4236.3**	**28400.3**	**4368.5**
内蒙古		3.60	14.3	3700.0	4216.0	1328.5
	冰草	0.10	1.0		1.0	
	柠条			960.0	960.0	
	其他多年生牧草	0.10	1.0	50.0	51.0	
	沙蒿			1970.0	1970.0	900.0
	羊草	0.02	1.0		0.2	
	羊柴			720.0	720.0	140.0
	紫花苜蓿	3.38	15.2		513.8	288.5
四　川		3.75	50.3		1886.0	740.0
	披碱草	0.08	30.0		24.0	
	其他一年生牧草	3.50	50.0		1750.0	700.0
	燕麦	0.17	65.9		112.0	40.0
甘　肃		8.00	110.6		8850.0	
	披碱草	3.00	45.0		1350.0	
	小黑麦	3.00	150.0		4500.0	
	燕麦	2.00	150.0		3000.0	
青　海		16.79	48.0	504.0	8559.5	500.0
	老芒麦	6.20	41.4	500.0	3065.0	500.0
	披碱草	7.60	64.5	4.0	4904.0	
	其他多年生牧草	1.20	28.3		340.0	
	早熟禾	1.79	14.0		250.5	
宁　夏		8.00	50.0		4000.0	1800.0
	苏丹草	8.00	50.0		4000.0	1800.0
新　疆		3.44	24.9	32.3	888.8	
	紫花苜蓿	3.44	24.9	32.3	888.8	

五、商品草生产情况

3-26 各地区分种类商品草生产情况

单位：万亩、公斤/亩、吨

地区	牧草种类	生产面积	平均产量	总产量	销售量
总　计		**2002.2**	**509**	**10186936**	**7161888**
河　北		23.1	1092	252110	186770
	青贮专用玉米	11.7	1470	172100	114500
	紫花苜蓿	11.4	704	80010	72270
山　西		34.1	735	250859	256229
	青贮专用玉米	12.2	1197	145559	219981
	燕麦	2.0	500	10000	1000
	紫花苜蓿	20.0	478	95300	35248
内蒙古		220.3	525	1157409	805720
	冰草	2.5	20	500	
	草谷子	2.0	500	10000	500
	其他一年生牧草	23.5	342	80420	50800
	青贮青饲高粱	0.2	3000	6000	10000
	青贮专用玉米	6.2	2152	132760	32760
	燕麦	31.5	750	236250	218850
	紫花苜蓿	154.5	448	691479	492810
吉　林		147.5	86	126350	80350
	燕麦	2.0	1000	20000	5000
	羊草	142.5	71	100950	69950
	紫花苜蓿	3.0	180	5400	5400
黑龙江		734.0	107	785514	513870
	碱茅	93.0	80	74400	30000
	其他一年生牧草	0.4	425	1700	10
	青贮专用玉米	0.2	1200	2400	
	羊草	609.8	100	607967	420760
	紫花苜蓿	30.6	324	99047	63100
江　苏		0.2	1300	2600	2600
	青贮专用玉米	0.2	1300	2600	2600
安　徽		17.4	1324	230560	178600
	青贮专用玉米	12.0	1602	192560	141100
	紫花苜蓿	5.0	600	30000	30000
	紫云英（非绿肥）	0.4	2000	8000	7500

3-26　各地区分种类商品草生产情况（续）

单位：万亩、公斤/亩、吨

地　区	牧草种类	生产面积	平均产量	总产量	销售量
江　西		2.3	1266	271160	100
	多花黑麦草	0.9	1000	8900	
	狼尾草	1.3	1500	19500	
	其他一年生牧草	0.1	600	600	100
山　东		64.0	743	475445	446077
	木本蛋白饲料	0.7	763	5342	1558
	其他多年生牧草	3.5	1511	53187	52800
	其他一年生牧草	40.0	600	240000	240000
	青贮专用玉米	15.2	911	138616	117974
	紫花苜蓿	4.5	842	38300	33745
河　南		23.1	1074	247732	207129
	多年生黑麦草	0.7	950	6403	5000
	木本蛋白饲料	1.0	1000	10000	3000
	其他多年生牧草	0.3	1000	3000	3000
	青贮专用玉米	17.1	1108	189500	160400
	籽粒苋	0.2	3000	4500	4500
	紫花苜蓿	3.8	893	34329	31229
湖　北		11.2	2195	245520	180195
	多花黑麦草	1.6	1125	17880	10287
	多年生黑麦草	0.2	1966	4070	470
	墨西哥类玉米	2.2	2710	58800	47000
	其他一年生牧草		2000	500	
	青贮专用玉米	6.8	2328	159070	118838
	紫花苜蓿	0.4	1444	5200	3600
湖　南		68.5	1383	946818	39166
	冬牧 70 黑麦	10.0	800	80000	
	多花黑麦草	2.5	2240	55552	16000
	多年生黑麦草		5	1	
	箭筈豌豆	0.3	150	488	45
	狼尾草	0.2	1138	1820	1
	牛鞭草	2.0	584	11748	6800
	其他多年生牧草	2.6	1000	26000	10000
	其他一年生牧草	0.1	5000	5000	3000
	青贮青饲高粱	0.1	400	200	20
	青贮专用玉米	0.7	2224	16010	3300

3-26 各地区分种类商品草生产情况（续）

单位：万亩、公斤/亩、吨

地 区	牧草种类	生产面积	平均产量	总产量	销售量
	苏丹草	50.0	1500	750000	
广 东		1.2	1061	12520	10100
	狼尾草	1.2	1061	12520	10100
海 南		1.0	1	10	
	狗尾草	1.0	1	10	
重 庆		1.43	1987	28488	21900
	菊苣		600	120	120
	狼尾草	0.86	2525	21818	15800
	其他多年生牧草	0.5	1167	5250	5000
	青贮青饲高粱	0.1	1300	1300	980
四 川		25.5	1516	386616	134472
	多花黑麦草	3.4	900	30600	30600
	多年生黑麦草	1.0	940	8973	7000
	箭筈豌豆	0.1	670	335	53
	老芒麦	0.3	397	1093	39
	毛苕子（非绿肥）	12.5	1960	245000	2000
	墨西哥类玉米	0.2	700	1050	
	牛鞭草		1000	200	200
	其他一年生牧草	2.0	600	12050	9500
	青贮专用玉米	5.1	1581	81280	85080
	饲用甘蓝	0.2	380	760	
	苏丹草	0.2	950	2138	
	燕麦	0.2	562	1219	
	紫花苜蓿	0.1	700	420	
	紫云英（非绿肥）	0.3	500	1500	
贵 州		22.8	2880	655273	486308
	狼尾草	0.1	3000	3000	3000
	其他多年生牧草	1.3	1495	19365	500
	青贮青饲高粱	0.5	3973	20260	20200
	青贮专用玉米	20.8	2939	612648	462608
云 南		0.8	1725	13800	13000
	青贮专用玉米	0.3	3600	10800	10000
	紫花苜蓿	0.5	600	3000	3000
陕 西		44.5	752	334770	107582

3-26　各地区分种类商品草生产情况（续）

单位：万亩、公斤/亩、吨

地　区	牧草种类	生产面积	平均产量	总产量	销售量
	青贮青饲高粱	0.2	800	1600	
	青贮专用玉米	12.8	891	113656	56930
	燕麦	0.3	600	1800	1800
	紫花苜蓿	31.3	697	217714	48852
甘　肃		351.0	764	2682868	2316732
	红豆草	5.1	504	25715	4000
	红三叶	0.2	1000	2000	2000
	猫尾草	1.5	735	11025	11000
	青贮青饲高粱	1.5	860	12900	40000
	青贮专用玉米	30.3	1956	592050	1186000
	燕麦	18.6	583	108291	86887
	紫花苜蓿	293.9	657	1930887	986845
青　海		43.8	618	270918	87751
	青贮专用玉米	3.0	820	24600	4357
	燕麦	40.8	604	246318	83394
宁　夏		77.9	846	659039	927261
	冬牧 70 黑麦	2.0	519	10504	7700
	红豆草	0.9	2500	22500	
	青贮青饲高粱	1.3	981	12750	4500
	青贮专用玉米	27.4	1331	365301	632700
	燕麦	0.2	230	543	
	紫花苜蓿	46.0	537	247442	282361
新　疆		12.0	829	99582	58641
	其他一年生牧草	1.2	700	8400	8000
	青贮专用玉米	2.3	2087	48000	38000
	紫花苜蓿	8.5	507	43182	12641
新疆兵团		26.1	396	103235	70100
	红豆草	20.0	300	60000	50000
	青贮专用玉米	1.3	1045	13485	14600
	紫花苜蓿	4.8	622	29750	5500
黑龙江农垦		48.5	142	68821	31237
	披碱草	3.8	140	5296	5000
	羊草	37.2	77	28508	5237
	紫花苜蓿	7.6	464	35017	21000

3–27 各地区牧区半牧区分种类商品草生产情况

单位：万亩、公斤/亩、吨

地 区	牧草种类	生产面积	平均产量	总产量	销售量
总 计		**1124.0**	**255**	**2861909**	**1787352**
河 北		13.3	1301	173050	118500
	青贮专用玉米	11.0	1500	165000	113000
	紫花苜蓿	2.3	350	8050	5500
山 西		1.2	400	4800	48
	紫花苜蓿	1.2	400	4800	48
内蒙古		167.3	575	961218	655530
	草谷子	2.0	500	10000	500
	其他一年生牧草	4.1	400	16400	800
	青贮专用玉米	6.2	2152	132760	32760
	燕麦	30.5	755	230250	215850
	紫花苜蓿	124.5	459	571808	405620
吉 林		117.5	91	107350	70350
	燕麦	2.0	1000	20000	5000
	羊草	112.5	73	81950	59950
	紫花苜蓿	3.0	180	5400	5400
黑龙江		715.0	103	738189	495510
	碱茅	93.0	80	74400	30000
	羊草	604.5	99	600467	416710
	紫花苜蓿	17.6	361	63322	48800
四 川		15.4	1697	261646	11592
	多年生黑麦草		400	80	

3-27　各地区牧区半牧区分种类商品草生产情况（续）

单位：万亩、公斤/亩、吨

地　区	牧草种类	生产面积	平均产量	总产量	销售量
	箭筈豌豆	0.1	670	335	53
	老芒麦	0.3	397	1093	39
	毛苕子（非绿肥）	12.5	1960	245000	2000
	其他一年生牧草	2.0	600	12000	9500
	燕麦	0.2	562	1219	
	紫花苜蓿	0.1	700	420	
	紫云英（非绿肥）	0.3	500	1500	
甘　肃		73.4	663	486008	340524
	红三叶	0.2	1000	2000	2000
	猫尾草	1.5	735	11025	11000
	燕麦	14.5	577	83491	66387
	紫花苜蓿	57.2	681	389492	261137
青　海		11.9	601	71508	42908
	燕麦	11.9	601	71508	42908
宁　夏		4.0	400	16000	14000
	紫花苜蓿	4.0	400	16000	14000
新　疆		5.0	843	42140	38390
	其他一年生牧草	1.2	700	8400	8000
	青贮专用玉米	0.9	2000	18000	18000
	紫花苜蓿	2.9	543	15740	12390

3-28　各地区牧区分种类商品草生产情况

单位：万亩、公斤/亩、吨

地　区	牧草种类	生产面积	平均产量	总产量	销售量
总　计		**181.1**	**415**	**751899**	**642759**
内蒙古		72.0	685	492948	453820
	草谷子	2.0	500	10000	500
	其他一年生牧草	4.1	400	16400	800
	青贮专用玉米	1.2	2800	32760	32760
	燕麦	21.0	890	186900	186900
	紫花苜蓿	43.7	565	246888	232860
黑龙江		81.4	103	84040	65800
	羊草	72.8	80	58240	40000
	紫花苜蓿	8.6	300	25800	25800
四　川		0.4	435	1791	39
	老芒麦	0.3	397	1093	39
	燕麦	0.1	510	699	
甘　肃		9.8	571	55720	36700
	紫花苜蓿	9.8	571	55720	36700
青　海		11.0	650	71500	42900
	燕麦	11.0	650	71500	42900
宁　夏		3.0	400	12000	10000
	紫花苜蓿	3.0	400	12000	10000
新　疆		3.6	942	33900	33500
	其他一年生牧草	1.2	700	8400	8000
	青贮专用玉米	0.9	2000	18000	18000
	紫花苜蓿	1.5	500	7500	7500

3-29　各地区半牧区分种类商品草生产情况

单位：万亩、公斤/亩、吨

地　区	牧草种类	生产面积	平均产量	总产量	销售量
总　计		**943**	**224**	**2110701**	**1145285**
河　北		13.3	1301	173050	118500
	青贮专用玉米	11.0	1500	165000	113000
	紫花苜蓿	2.3	350	8050	5500
山　西		1.2	400	4800	48
	紫花苜蓿	1.2	400	4800	48
内蒙古		95.3	491	468270	201710
	青贮专用玉米	5.0	2000	100000	
	燕麦	9.5	456	43350	28950
	紫花苜蓿	80.8	402	324920	172760
吉　林		117.5	91	107350	70350
	燕麦	2.0	1000	20000	5000
	羊草	112.5	73	81950	59950
	紫花苜蓿	3.0	180	5400	5400
黑龙江		633.6	103	654149	429710
	碱茅	93.0	80	74400	30000
	羊草	531.7	102	542227	376710
	紫花苜蓿	9.0	419	37522	23000
四　川		15.0	1731	259855	11553
	多年生黑麦草	0.0	400	80	
	箭筈豌豆	0.1	670	335	53
	毛苕子（非绿肥）	12.5	1960	245000	2000
	其他一年生牧草	2.0	600	12000	9500
	燕麦	0.1	650	520	
	紫花苜蓿	0.1	700	420	
	紫云英（非绿肥）	0.3	500	1500	
甘　肃		63.6	677	430288	303824
	红三叶	0.2	1000	2000	2000
	猫尾草	1.5	735	11025	11000
	燕麦	14.5	577	83491	66387
	紫花苜蓿	47.4	704	333772	224437
青　海		0.9	78	700	700
	燕麦	0.9	78	700	700
宁　夏		1.0	400	4000	4000
	紫花苜蓿	1.0	400	4000	4000
新　疆		1.4	589	8240	4890
	紫花苜蓿	1.4	589	8240	4890

六、草产品加工企业生产情况

3-30 各地区草产品

地　区	企业名称	产品牧草种类	生产能力
全　国			**14249960**
河　北			337500
	张家口市万全区粥雨草业发展有限公司	青贮专用玉米	40000
	张家口三利草业有限公司	青贮专用玉米	30000
	张家口农丰草业有限公司	青贮专用玉米	20000
	河北野沃苏牧业有限公司	羊草	10000
	怀来县民丰合作社	青贮专用玉米	5000
	金灿秸秆加工有限公司	青贮专用玉米	200000
	河北省丰宁满族自治县伯强草业公司	青贮专用玉米	11000
	东光秋众源有限责任公司	青贮专用玉米	4000
	黄骅市茂盛园苜草种植专业合作社	紫花苜蓿	6500
	黄骅市高洁牧草种植专业合作社	紫花苜蓿	6000
	黄骅市绿丰苜蓿种植专业合作社	紫花苜蓿	5000
山　西			196941
	朔州市金土地农牧有限公司	紫花苜蓿	2400
	朔州市朔城区金熠源养殖专业合作社	燕麦	3000
	朔州市朔城区仁伟种植专业合作社	紫花苜蓿	1200
	朔州市朔城区助农农机专业合作社	紫花苜蓿	960
	朔州市平鲁区牧源草业有限公司	紫花苜蓿	100000
	格瑞伟业	紫花苜蓿	6000
	怀仁县奔康牧草开发有限公司	紫花苜蓿	7400
	怀仁县家兴园农牧专业 合作社	紫花苜蓿	5000
	怀仁县仁福农牧专业合作社	其他一年生牧草	15000
	山西京龙农业科技有限公司	紫花苜蓿	3000
	忻府区慈云生态养殖专业合作社	紫花苜蓿	980
	定襄县德隆生物质能源有限公司	苜蓿、青贮玉米	20000
	定襄县绿沃种植农民专业合作社	苜蓿、青贮玉米	1000
	枣林镇牧草饲料加工厂	墨西哥类玉米	1
	山西晋北农牧业有限公司	紫花苜蓿	1000
	原平市唐盛秸秆加工专业合作社	青贮专用玉米	20000

加工企业生产情况

单位：吨

实际生产量	草捆产量	草块产量	草颗粒产量	草粉产量	其他	出口量	进口量
7326690	**3815665**	**568633**	**530018**	**264873**	**2147500**	**671624**	**35291**
243300	131700	74100	3600	400	33500		
30000	10000	10000			10000		
22000		5500	3000		13500		
10000					10000		
3600	1000	2600					
3000		3000					
150000	100000	50000					
4200	4200						
3000	3000						
6500	4500	1000	600	400			
6000	4000	2000					
5000	5000						
102520	77852	10000	7000	6490	1178		
2400	2400						
2000	2000						
800	800						
800	800						
31000	20000	5000	2000	4000			
2610	620			1990			
5180	5180						
3500	3500						
3000	3000						
2100	2100						
1480	980			500			
20000	10000	5000	5000				
1000	1000						
150	150						
1000	1000						
20000	18822				1178		

3-30 各地区草产品

地 区	企业名称	产品牧草种类	生产能力
	岚县祥泰草畜开发有限公司	青贮专用玉米	10000
内蒙古			1239993
	内蒙古大行农牧有限公司	紫花苜蓿	7000
	包头市华阳润生农业生物科技有限公司	其他一年生牧草	15000
	包头市北辰生物技术有限公司	其他一年生牧草	20000
	土右旗同祥农民合作社	其他一年生牧草	10000
	土右旗海子乡天宝农民专业合作社	其他一年生牧草	5000
	丰硕草业有限责任公司	其他一年生牧草	5000
	土右旗绿园生态种养殖业专业合作社	其他一年生牧草	6000
	嘉创养殖农民专业合作社	其他一年生牧草	5000
	土右旗健飞农牧科技专业合作社	其他一年生牧草	5000
	包头市鸿益农牧有限公司	其他一年生牧草	6000
	土右旗旺达农民合作社	其他一年生牧草	6000
	土右旗秋林农民合作社	其他一年生牧草	6000
	土右旗万佳农牧业机械专业合作社	其他一年生牧草	10000
	土右旗丰硕农民专业合作社	其他一年生牧草	4000
	土右旗合丰农民合作社	其他一年生牧草	5000
	利泽农民专业合作社	其他一年生牧草	6000
	土右旗雷鑫农机服务站	其他一年生牧草	6000
	木禾草业 1	青贮专用玉米	5000
	石宝镇柠条加工厂	柠条	4000
	乌克镇柠条加工厂	柠条	3000
	木禾草业 2	紫花苜蓿	1000
	达茂旗金犁合作社	紫花苜蓿	900
	秋实草业公司	燕麦	49848
	田园牧歌草业公司	紫花苜蓿	34186
	伊禾绿锦草业公司	紫花苜蓿	23200
	巴雅尔草业公司	燕麦	16000
	蒙草抗旱公司	燕麦	10970
	绿生源生态科技有限公司	紫花苜蓿	8946

加工企业生产情况（续）

单位：吨

实际生产量	草捆产量	草块产量	草颗粒产量	草粉产量	其他	出口量	进口量
5500	5500						
692255	546067	54700	67988	7000	16500	2000	5000
2500		200	800		1500		
10000	10000						
10000			10000				
5000	5000						
3000	3000						
3000	3000						
3000	3000						
3000	3000						
3000	3000						
3000	3000						
3000	3000						
3000	1000				2000		
3000	3000						
3000	3000						
3000		3000					
3000	3000						
3000	3000						
5000					5000		
4000				4000			
3000				3000			
1000	1000						
900	900						
37386	37386						
25639	25639						
18850	18850						
13600	13600						
10970	10970						
7828	7828						

3-30 各地区草产品

地 区	企业名称	产品牧草种类	生产能力
	东星公司	紫花苜蓿	8492
	东诺尔合作社	紫花苜蓿	6500
	联牛牧草种植有限公司	燕麦	6478
	首农辛普劳绿田园公司	紫花苜蓿	8000
	惠农公司	紫花苜蓿	5592
	达布希草业有限公司	紫花苜蓿	5701
	地森公司	燕麦	3300
	天哥草业	燕麦	4320
	天一草业公司	燕麦	3300
	地一公司	紫花苜蓿	2880
	草都公司	燕麦	2810
	犇未来草业公司	燕麦	1600
	常鑫宏农庄公司	燕麦	2200
	长青农牧科技公司	紫花苜蓿	852
	巴林左旗福呈祥牧业	紫花苜蓿	50
	巴林左旗超越饲料	紫花苜蓿	28
	巴林左旗牧兴源饲料	紫花苜蓿	10
	赤峰市牧原草业饲料有限责任公司	紫花苜蓿	6000
	民悦君丰农牧科技有限公司	紫花苜蓿	6500
	赤峰市克什克腾旗蒙原草业有限公司	紫花苜蓿	5000
	克什克腾旗罕达罕种贮草养殖合作社	紫花苜蓿	3000
	克什克腾旗合兴农畜开发有限公司	紫花苜蓿	9000
	克什克腾旗祥达草业有限公司	紫花苜蓿	700
	北京鼎盛基业股份有限公司	紫花苜蓿	8200
	赤峰市国丰农业开发有限公司	紫花苜蓿	4000
	赤峰市圣泉生态农牧业公司	紫花苜蓿	7000
	内蒙古沃龙海生态科技发展有限公司	紫花苜蓿	1000
	赤峰中牧草业公司	草木樨	20000
	内蒙古黄羊洼草业有限公司	紫花苜蓿	124000
	科左中旗繁盛种植专业合作社	紫花苜蓿	9600
	科左中旗星圣养殖专业合作社	紫花苜蓿	7200

加工企业生产情况（续）

单位：吨

实际生产量	草捆产量	草块产量	草颗粒产量	草粉产量	其他	出口量	进口量
7431	7431						
6300	6300						
5506	5506						
5000	5000						
4544	4544						
3588	3588						
3300	3300						
3240	3240						
3168	3168						
2448	2448						
2107	2107						
1536	1536						
1100	1100						
745	745						
50			50				
28			28				
10			10				
6000			6000				
5200	5200						
4100	2500		1600				
2400	2400						
1400	1400						
610	610						
8000	5000		3000				
2400	2400						
2000	2000						
600	600						
3000			3000			2000	
81000	51000		30000				
4800	4800						
3600	3600						

3-30 各地区草产品

地 区	企业名称	产品牧草种类	生产能力
	科左中旗科翔种植专业合作社	紫花苜蓿	5600
	通辽市科尔沁农机种植专业合作社	紫花苜蓿	4900
	通辽顺天丰草业有限公司	紫花苜蓿	4800
	科左中旗瀚海绿园草业专业合作社	紫花苜蓿	3600
	科左中旗益牧牧草种植专业合作社	紫花苜蓿	2500
	内蒙古圣佳农业科技有限公司	紫花苜蓿	2000
	内蒙古科尔沁肉牛种业股份有限公司	紫花苜蓿	700
	林辉草业	紫花苜蓿	6000
	正昌草业	紫花苜蓿	3000
	林辉草业	燕麦	200
	通辽市三牧草业有限公司	紫花苜蓿	700
	库伦旗盛丰牧草种植专业合作社	紫花苜蓿	525
	库伦旗龙腾牧草种植农民专业合作社	紫花苜蓿	525
	扎鲁特旗牧源农业种植专业合作社	紫花苜蓿	15000
	通辽禾丰天弈草业有限公司	紫花苜蓿	11000
	内蒙古牧熙生态草业有限公司	紫花苜蓿	10000
	扎鲁特旗向前牧草种植专业合作社	紫花苜蓿	7000
	内蒙古蒙草生态牧场（通辽）有限公司	紫花苜蓿	4000
	正昌草业	紫花苜蓿	6380
	巴彦淖尔市润福农业开发有限公司	其他一年生牧草	20000
	内蒙古正时草业有限公司	紫花苜蓿	12000
	达拉特旗裕祥农牧业有限公司	紫花苜蓿	100000
	内蒙古东达生物科技有限公司	紫花苜蓿	13000
	内蒙古顺沐隆草业有限责任公司	紫花苜蓿	5000
	达拉特旗宝丰生态有限责任公司	紫花苜蓿	5000
	内蒙古广缘十方现代生态农业有限公司	紫花苜蓿	3000
	达拉特旗邦成农业开发有限责任公司	紫花苜蓿	2000
	达拉特旗万森种养殖农民专业合作社	紫花苜蓿	1000
	鄂尔多斯市万通农牧业科技有限公司	紫花苜蓿	1000
	盛世金农农牧业开发有限责任公司	紫花苜蓿	50000
	内蒙古赛乌素绿丰农牧业开发有限公司	紫花苜蓿	20000

加工企业生产情况（续）

单位：吨

实际生产量	草捆产量	草块产量	草颗粒产量	草粉产量	其他	出口量	进口量
2800	2800						
2450	2450						
2400	2400						
1800	1800						
1250	1250						
1000	1000						
350	350						
4000	4000						
1000	1000						
200	200						
700	700						
525	525						
525	525						
15000		15000					
11000		11000					
10000		10000					
7000		7000					
4000		4000					
6380	6380						
12000	10000		2000				
10500	10500						5000
9000	9000						
8000					8000		
3500	3500						
3000	3000						
2800	2800						
900	900						
800	800						
800	800						
17400	17400						
6600	6600						

3-30 各地区草产品

地区	企业名称	产品牧草种类	生产能力
	鄂托克旗赛乌素绿洲草业有限责任公司	紫花苜蓿	30000
	内蒙古安宏农牧业开发有限公司	紫花苜蓿	50000
	索永生态环境有限公司	紫花苜蓿	2400
	阳波畜牧业发展服务有限公司	燕麦	7000
	呼伦贝尔市华和农牧业有限公司	紫花苜蓿	23400
	阳波畜牧业发展服务有限公司	紫花苜蓿	8800
	浩饶山景泽农牧业生产农民专业合作社	紫花苜蓿	15000
	蘑菇气镇利农蓄草农民专业合作社	青贮专用玉米	10000
	哈拉苏双龙合作社	青贮专用玉米	8000
	天义草颗粒饲料厂	其他一年生牧草	12000
	凉城县海高牧业	紫花苜蓿	8000
	凉城县大海草业公司	紫花苜蓿	6500
	内蒙古谷雨天润草业发展有限公司	紫花苜蓿	6000
	内蒙古中阑农牧业发展有限公司	紫花苜蓿	3000
	凉城县碧兴元草业有限公司	紫花苜蓿	5000
	乌兰察布瑞天现代农业	燕麦	6000
	察右前旗和润农牧业综合开发公司	紫花苜蓿	3000
	丰镇市科维尔草业公司	紫花苜蓿	19000
	丰登种养殖农民专业合作社	紫花苜蓿	1400
	宏泰种养殖农民专业合作社	紫花苜蓿	700
	内蒙古小黑头羊牧业有限责任公司	其他多年生牧草	10000
	锡市亿产牧民草业专业合作社	其他一年生牧草	5000
	多伦县绿地草业草种有限责任公司	紫花苜蓿	5000
	多伦县中科生态科技有限公司	紫花苜蓿	1000
	阿拉善盟圣牧高科生态草业有限公司 1	青贮专用玉米	100000
	阿拉善盟圣牧高科生态草业有限公司 2	紫花苜蓿	16000
辽　宁			50000
	沈阳茂源草业有限公司	紫花苜蓿	50000
吉　林			438000
	四平市凯达牧业有限公司	青贮专用玉米	35000
	梨树东瀛秸秆膨化生物饲料有限公司	青贮专用玉米	10000

加工企业生产情况（续）

单位：吨

实际生产量	草捆产量	草块产量	草颗粒产量	草粉产量	其他	出口量	进口量
6000	1500		4500				
3600	3600						
7000	7000						
5031	5031						
1760	1760						
7000	7000						
6000	6000						
4000	4000						
7000			7000				
3000	3000						
3000	3000						
2000		2000					
1500	1500						
1300	1300						
6000	6000						
3000	3000						
19000	19000						
1400	1400						
700	700						
8000	8000						
400	400						
5000	2500	2500					
1000	1000						
60000	60000						
12000	12000						
40000	40000						
40000	40000						
135650	110000	13950	2600	6600	2500		
20000	20000						
6000		3000	2600	400			

3-30 各地区草产品

地 区	企业名称	产品牧草种类	生产能力
	梨树县凯得利牧业有限公司	青贮专用玉米	20000
	梨树县华东秸秆饲料有限公司	青贮专用玉米	10000
	梨树县夏家农民合作社	青贮专用玉米	10500
	梨树县长岭子科农农民专业合作社	青贮专用玉米	5000
	伊通通达稻草加工场	青贮专用玉米	3000
	双辽众彩秸秆科技有限公司	青贮专用玉米	10000
	吉林平泰畜牧科技有限公司	紫花苜蓿	3500
	双辽市顺通草业有限公司	紫花苜蓿	2500
	王树芳	羊草	20000
	吴洪山	羊草	10000
	红海草业	羊草	10000
	大山乡爱城	青贮青饲高粱	5000
	通榆县吉运公司	紫花苜蓿	37500
	洮南市圣一金地农业发展有限公司	燕麦	30000
	黑水鑫盛源牧草加工销售合作社	紫花苜蓿	5000
	洮南市益安经济贸易有限公司	紫花苜蓿	8000
	洮南市喜芝生态种植养殖合作社	紫花苜蓿	3000
	吉林华雨草业有限公司	羊草	100000
	敦化市中牧农业机械化青贮生产专业合作社	青贮专用玉米	100000
黑龙江			816500
	哈尔滨晟睿牧草专业种植合作社	羊草	20000
	齐齐哈尔市北大荒牧草种植专业合作社	紫花苜蓿	2800
	齐齐哈尔市北大荒牧草种植合作社	燕麦	2800
	振兴牧草合作社	紫花苜蓿	450
	甘南县德林种植专业合作社	紫花苜蓿	2000
	马岗牧草专业合作社	紫花苜蓿	6500
	克山县朱氏饲料牧草有限公司	紫花苜蓿	80000
	大庆市土金农机合作社	紫花苜蓿	2400
	大庆市博远草业有限公司	紫花苜蓿	1200
	大庆金草润草业专业合作社	紫花苜蓿	600
	键伟贮草场	羊草	7500

加工企业生产情况（续）

单位：吨

实际生产量	草捆产量	草块产量	草颗粒产量	草粉产量	其他	出口量	进口量
5600		2400		3200			
3000				3000			
2050		2050					
1500		1500					
2500	2500						
5000		5000					
2500					2500		
1500	1500						
20000	20000						
10000	10000						
10000	10000						
5000	5000						
1500	1500						
25000	25000						
3500	3500						
3000	3000						
2000	2000						
6000	6000						
568760	398660	163600	2500		4000		
12000	12000						
1200	1200						
300		300					
1500	1500						
5000	1000				4000		
50000	50000						
1800	1800						
1000	1000						
400	400						
6000	6000						

3-30 各地区草产品

地 区	企业名称	产品牧草种类	生产能力
	林甸县丰牧公司	羊草	6800
	杜蒙县远方苜蓿发展有限公司	紫花苜蓿	450
	黑河中兴草业有限公司	燕麦	15000
	艾禾牧业有限公司	紫花苜蓿	50000
	鑫鹤草业有限公司	紫花苜蓿	10000
	革命草业农民专业合作社	紫花苜蓿	5000
	黑龙江省兰胜草业科技有限公司	紫花苜蓿	10000
	青冈县青新饲草专业合作社	羊草	6000
	青冈县吉兴饲草有限公司	羊草	3000
	松嫩绿草饲草经销有限公司	羊草	20000
	明水县洪泽饲草经销有限公司	羊草	20000
	明水县兴源饲草经销有限公司	羊草	20000
	永昌饲草公司	羊草	150000
	凤臣饲草公司	紫花苜蓿	130000
	永龙源农牧业技术有限公司	紫花苜蓿	110000
	北大荒种植合作社	羊草	100000
	宋站农畜产品经销公司	羊草	10000
	肇东市绿源饲草有限公司	羊草	8000
	黑龙江省肇东市绿韵饲草公司	羊草	8000
	黑龙江省绿都饲草公司	羊草	8000
安 徽			317800
	秋实草业	紫花苜蓿	35000
	怀宁县松涛林业有限公司	多花黑麦草	1000
	康桥农业开发有限公司	大麦	10000
	临泉县秋实草业公司	青贮专用玉米	100000
	临泉县稼禾草业有限公司	青贮专用玉米	50000
	安徽瑞龙畜牧养殖有限公司	青贮专用玉米	100000
	宿州市草源牧业股份有限公司	青贮专用玉米	20000
	宿州市黄淮白山羊养殖专业合作社	多花黑麦草	1800
江 西			47080
	樟树市清江牧草种植场	狼尾草	30000

加工企业生产情况（续）

单位：吨

实际生产量	草捆产量	草块产量	草颗粒产量	草粉产量	其他	出口量	进口量
4500	4500						
60	60						
10000	5000	2500	2500				
1600	800	800					
3000	3000						
3150	3150						
1750	1750						
19000	19000						
18000	18000						
17500	17500						
100000	50000	50000					
100000	70000	30000					
100000	70000	30000					
80000	30000	50000					
10000	10000						
8000	8000						
8000	8000						
5000	5000						
218400	216700				1700		
35000	35000						
800	800						
1000					1000		
38000	38000						
36000	36000						
90000	90000						
16000	16000						
1600	900				700		
28080	11080			2000	15000		
18000	3000				15000		

3-30 各地区草产品

地 区	企业名称	产品牧草种类	生产能力
	高安市裕丰农牧有限公司	狼尾草	12000
	江西省鄱阳湖草业公司	其他一年生牧草	5080
山 东			742840
	济南润发农牧科技有限公司	青贮专用玉米	8000
	济南青贮饲料有限公司	青贮专用玉米	2000
	现代牧业（商河）有限公司	青贮专用玉米	100000
	济南新绿洲农业发展有限公司	青贮专用玉米	11000
	商河县美胜家庭农场	青贮专用玉米	10000
	商河县德鸿粮食作物种植专业合作社	青贮专用玉米	6000
	商河县钻翔粮食作物种植专业合作社	青贮专用玉米	5000
	章丘市高官寨镇奶牛专业合作社	青贮专用玉米	22000
	淄博森源秸杆能源开发有限公司	其他一年生牧草	30000
	枣庄市胜元秸秆综合利用有限公司	青贮专用玉米	16000
	滕州市鲍沟镇牛羊乐饲草销售处	青贮专用玉米	5000
	莱阳市全德农机合作社	青贮专用玉米	80000
	潍坊丰瑞农业科技有限公司	紫花苜蓿	1300
	济宁优饲草业有限公司	紫花苜蓿	2000
	新泰市青云草业有限公司	其他一年生牧草	70000
	日照市民丰农业科技有限公司	青贮专用玉米	25000
	日照市岚山区鹏超饲料销售处	青贮专用玉米	10000
	日照市岚山区农丰农作物秸秆利用专业合作社	青贮专用玉米	15000
	莱芜张峰饲草青贮专业合作社	青贮专用玉米	5000
	蒙阴县天瑞大成农作物种植专业合作社	木本蛋白饲料	10000
	阳谷县农业开发有限公司	紫花苜蓿	9500
	阳谷县农业开发有限公司	燕麦	500
	高唐华农生物工程有限公司	青贮专用玉米	13000
	山东金裕粮仓农业科技有限公司	其他一年生牧草	12000
	滨州市沾化区瑞源农作物种植专业合作社	青贮专用玉米	10000
	滨州市沾化区支农农机服务专业合作社	青贮专用玉米	8500
	滨州市沾化区三义家庭农场	青贮专用玉米	10000
	滨州市沾化区猋山农作物种植专业合作社	青贮专用玉米	8040

加工企业生产情况（续）

单位：吨

实际生产量	草捆产量	草块产量	草颗粒产量	草粉产量	其他	出口量	进口量
5000	5000						
5080	3080			2000			
503484	48505	8000	23000	2000	421979	20120	
7000					7000		
1800					1800		
68725					68725		
10099					10099		
9481					9481		
5169					5169		
4142					4142		
3800					3800		
3000			3000			120	
1250					1250		
3000					3000		
80000					80000		
1200	1200						
1700	1700						
43000	15000	8000	20000			20000	
24814					24814		
6612					6612		
5077					5077		
3250					3250		
2000				2000			
7125	3455				3670		
150	150						
11000					11000		
11200					11200		
8750					8750		
8500					8500		
8300					8300		
8040					8040		

3-30 各地区草产品

地 区	企业名称	产品牧草种类	生产能力
	滨州市沾化区金谷农作物种植合作社	青贮专用玉米	8000
	滨州沾化区鼎丰农业产业园有限公司	青贮专用玉米	5000
	瑞东农牧（山东）有限责任公司	青贮专用玉米	5000
	滨州恒利农业开发有限公司	紫花苜蓿	4000
	新东方现代农业有限公司	其他一年生牧草	150000
	山东赛尔生态经济技术开发有限公司	紫花苜蓿	10000
	无棣绿洲草业科技有限公司	紫花苜蓿	6000
	神内山东农牧结合经营示范中心	紫花苜蓿	3000
	无棣中原草业科技开发有限公司	紫花苜蓿	5000
	山东儒风生态农业开发有限公司	紫花苜蓿	3000
	无棣紫色农华农牧有限公司	紫花苜蓿	3000
	山东绿风农业集团有限公司	紫花苜蓿	3000
	中植构树（菏泽）生态农牧有限公司	木本蛋白饲料	30000
	曹县正道牧业科技有限公司	青贮专用玉米	3000
河 南			562400
	河南合博草业有限公司	紫花苜蓿	2000
	郑州极致农业发展有限公司	紫花苜蓿	8100
	荥阳市城乡建设投资开发有限公司	紫花苜蓿	2700
	河南今冠农牧有限公司	紫花苜蓿	450
	郑州泽湖生态农业开发有限公司	籽粒苋	10000
	郑州泽湖生态农业开发有限公司	青贮专用玉米	10000
	开封高岭现代农业有限公司	紫花苜蓿	3200
	杞县西林农作物种植专业合作社	紫花苜蓿	800
	河南兴盛农牧业有限公司	青贮专用玉米	50000
	河南国银农牧科技有限公司	木本蛋白饲料	10000
	河南花花牛农牧科技有限公司	紫花苜蓿	950
	宜阳县惠眷农业开发有限公司	紫花苜蓿	2000
	世纪天缘（洛阳）生态科技有限公司	木本蛋白饲料	3000
	茂源秸秆利用技术有限公司	青贮专用玉米	3500
	汤阴县大运农业有限公司	紫花苜蓿	3700
	汤阴县万水养殖专业合作社	紫花苜蓿	3000

加工企业生产情况（续）

单位：吨

实际生产量	草捆产量	草块产量	草颗粒产量	草粉产量	其他	出口量	进口量
7600					7600		
3960					3960		
3500					3500		
2700	2700						
100000					100000		
8000	8000						
5200	5200						
3000	3000						
3000	3000						
2700	2700						
1600	1600						
800	800						
11140					11140		
2100					2100		
303716	32266	2450	500		268500		
1078	1078						
8100	8100						
2700	2700						
450	450						
4500					4500		
3000					3000		
3200	3200						
800					800		
50000					50000		
10000					10000		
950	950						
1950		1950					
1700					1700		
3500					3500		
3641	3641						
2647	2647						

3-30 各地区草产品

地 区	企业名称	产品牧草种类	生产能力
	原阳县民起农牧专业合作社	紫花苜蓿	2000
	南阳市卧龙区农开种植专业合作社	青贮专用玉米	50000
	敏霞牧业有限公司	紫花苜蓿	6000
	唐河县金农草业发展有限公司	青贮专用玉米	70000
	南阳金农牧草发展有限公司	青贮专用玉米	100000
	河南雅景现代农业科技有限公司	多年生黑麦草	2500
	永城市丰旺种植专业合作社	青贮专用玉米	5000
	三农有限公司	青贮专用玉米	10000
	永城市顺达牧业有限公司	青贮专用玉米	1000
	中科康构有限公司	其他多年生牧草	30000
	西平恒东农牧有限公司	青贮专用玉米	50000
	西平县青苗饲料青储有限公司	青贮专用玉米	20000
	正阳县军耕家庭农场	紫花苜蓿	2500
	驻马店恒兴农民专业合作社	青贮专用玉米	100000
湖北			591400
	郧西县永立农牧科技有限公司	青贮专用玉米	50000
	竹山县郧巴黄牛养殖专业合作社	紫花苜蓿	500
	竹溪县畜牧生态产业园	青贮青饲高粱	200000
	襄阳美饲草业有限公司	其他一年生牧草	30000
	襄阳新天汇生态农业发展有限公司	其他一年生牧草	100000
	红腾养殖场	其他一年生牧草	2000
	襄阳市沁和农业科技有限公司	青贮专用玉米	5000
	宜城市鑫宏源现代农业有限公司	青贮专用玉米	5000
	宜城市国庆农牧有限公司	紫花苜蓿	500
	荆门市华中农业	老芒麦	10000
	沙洋县科牧牛业有限公司	青贮专用玉米	120000
	湖北天耀秸秆综合利用专业合作社	青贮专用玉米	30000
	湖北亿隆生物科技有限公司	青贮专用玉米	20000
	西藏邦达圣草有限公司	狼尾草	8400
	湖北沃岭农业科技发展有限公司	墨西哥类玉米	10000
湖南			666705

加工企业生产情况（续）

单位：吨

实际生产量	草捆产量	草块产量	草颗粒产量	草粉产量	其他	出口量	进口量
2000	2000						
20000					20000		
4000	4000						
4500					4500		
12500					12500		
2500	2000	500					
3000					3000		
2500					2500		
500					500		
30000					30000		
16000					16000		
6000					6000		
2000	1500		500				
100000					100000		
256217	214587	25000	200		16430		
15000	15000						
500	300		200				
100000	100000						
13000		13000					
12000		12000					
500	500						
3950					3950		
2480					2480		
387	387						
2500	2500						
63000	63000						
15000	15000						
11600	11600						
6300	6300						
10000					10000		
158862	12705	3063	562	16032	126500		200

3-30 各地区草产品

地 区	企业名称	产品牧草种类	生产能力
	浏阳市浏安农业综合开发有限公司	狼尾草	15000
	湖南省垅上青农牧科技有限公司	青贮专用玉米	1600
	茶陵林丰农业农业科技有限公司	青贮专用玉米	9000
	祁东旭成养殖专业合作社	狼尾草	11000
	耒阳兴隆生态农牧有限公司	青贮专用玉米	4500
	邵阳市永鑫农业开发有限公司	青贮专用玉米	10000
	邵阳市永康农业开发有限公司	狼尾草	16000
	湖南马氏牧业有限公司	青贮专用玉米	11000
	湖南南山牧业有限公司	青贮专用玉米	25000
	湖南伟业饲料有限公司	饲用块根块茎作物	18000
	湖南德人牧业	青贮专用玉米	1550
	桃源县曙光清景生物有限公司	饲用块根块茎作物	12000
	湖南中苋生态科技有限公司津市分公司	籽粒苋	100000
	湖南中苋生态科技有限公司津市分公司	青贮青饲高粱	50000
	湖南中苋生态科技有限公司津市分公司	青贮专用玉米	50000
	张家界华龙牧业有限公司	狼尾草	6500
	湖南正君生态农业科技有限公司	狼尾草	15000
	永兴县太湖仙生态有限公司	其他多年生牧草	3000
	永州阳明生态农业有限公司	狼尾草	8500
	江永县鑫远养牛有限公司	狼尾草	6000
	江华瑶族自治县鑫洲现代农业开发有限公司	狼尾草	12000
	会同县恒生源农业科技有限公司	狼尾草	6000
	湖南阳春农业生物科技有限责任公司	青贮专用玉米	80000
	娄底市草业科学研究所	多花黑麦草	150000
	涟源市远方生态农业发展有限公司	其他多年生牧草	1500
	涟源市远方生态农业发展有限公司	青贮青饲高粱	1500
	湖南天华实业有限公司	其他一年生牧草	1500
	娄底三裕生态农业开发有限公司	青贮专用玉米	800
	涟源市天池农业开发有限公司	其他多年生牧草	1200
	德农牧业科技有限公司	青贮专用玉米	16055
	德农牧业科技有限公司	狗尾草	9000

加工企业生产情况（续）

单位：吨

实际生产量	草捆产量	草块产量	草颗粒产量	草粉产量	其他	出口量	进口量
10000					10000		
600					600		
1800	1800						
2000					2000		
800					800		
1600					1600		
1500					1500		
2100					2100		
6000					6000		
3000					3000		
500					500		
600					600		
45000					45000		
20000					20000		
20000					20000		
1500					1500		
800					800		
1300					1300		
600					600		
800					800		
2500					2500		
600					600		
2000	1200	300			500		
1400	1300	100					
1400	1300	100					
1300	1300						200
800	800						
500	500						
16032				16032			
8880	4505	2563	562		1250		

3-30 各地区草产品

地区	企业名称	产品牧草种类	生产能力
	古丈县之朴牧业有限公司	青贮专用玉米	5500
	永顺县森宝牧业有限公司	狼尾草	4500
	龙山县圣山农牧业生态有限公司	青贮专用玉米	3500
广　东			2000
	连州市三农草食动物发展有限公司	狼尾草	2000
广　西			200000
	广西横县四通草业公司	青贮专用玉米	200000
重　庆			29000
	万州区走马兔业协会	菊苣	1000
	重庆山仁耕耘农业科技开发有限公司	狼尾草	9200
	重庆山仁芸草农业科技开发有限公司	狼尾草	12000
	重庆小白水农业开发有限公司	其他多年生牧草	2300
	重庆山仁芸草农业科技开发有限公司	青贮青饲高粱	1500
	丰都县大地牧歌农业发展有限公司	狼尾草	
	石柱县道勤农业有限公司	其他多年生牧草	3000
四　川			299495
	绵阳市泰平农牧科技有限公司	青贮专用玉米	50000
	三台县老马乡民升牧业	青贮专用玉米	200000
	凯亿吉	青贮专用玉米	10000
	江安县憨石农业有限公司	青贮专用玉米	800
	渠县涌先山羊养殖农民专业合作社	青贮专用玉米	7700
	宣汉县富悦农业开发有限公司（渠县分公司）	青贮专用玉米	4000
	松潘县雪域虹润种养殖有限责任公司	燕麦	650
	阿坝县现代畜牧产业发展有限责任公司	燕麦	635
	麦溪乡兴隆草业农民专业合作社	老芒麦	50
	红原兴牧公司	老芒麦	12000
	会理县吉龙生态种植养殖专业合作社	紫花苜蓿	960
	会理县吉龙生态种植养殖专业合作社	多年生黑麦草	200
	个体加工坊	其他一年生牧草	12500
贵　州			171656
	贵州天龙秸秆综合利用有限公司	青贮专用玉米	50000

加工企业生产情况（续）

单位：吨

实际生产量	草捆产量	草块产量	草颗粒产量	草粉产量	其他	出口量	进口量
1200					1200		
900					900		
850					850		
1600			1600				
1600			1600				
20000					20000		
20000					20000		
28538	20500	1500	200	420	5918		
120				120			
7800	7800						
10000	9000	500	200	300			
2300	2000	300					
1300	1000	300					
4018					4018		
3000	700	400			1900		
105916	70570	240		14500	20606		
50000	50000						
20000					20000		
5000				5000			
4000	4000						
4000	4000						
240		240					
520	520						
50	50						
12000	12000						
410					410		
196					196		
9500				9500			
60918	1512	20500		500	38405	701	1
17600					17600		

3-30 各地区草产品

地 区	企业名称	产品牧草种类	生产能力
	关岭盛世有限公司	青贮专用玉米	1
	紫云县广茂园种养殖合作社	狼尾草	5000
	紫云自治县海涛养殖农民专业合作社	青贮专用玉米	2000
	紫云自治县兴悦种养殖农民专业合作社	青贮专用玉米	2000
	紫云自治县湾坪种养殖专业合作社	青贮专用玉米	2000
	贵州鸿嘉农牧发展有限公司	青贮专用玉米	30000
	贵州华兴生态农牧发展有限公司	其他多年生牧草	20000
	大方县裕民山地农牧开发有限公司	其他多年生牧草	10000
	贵州鸿嘉农牧发展有限公司	其他多年生牧草	30000
	大方县伍号种养殖农民专业合作社	其他多年生牧草	1000
	黔西县三合农业有限公司	其他一年生牧草	4500
	赫章县蓝宇牧业养殖专业合作社	其他多年生牧草	2000
	石阡县枫香乡黄金山村集体经济专业合作社	青贮青饲高粱	1000
	贵州武陵山海尚生态产业有限公司	青贮青饲高粱	5000
	贵州金农富平农牧发展有限公司	青贮青饲高粱	2000
	贵州普安尤开生态农业发展有限公司	狼尾草	2000
	册亨山地生态产业投资有限责任公司	墨西哥类玉米	650
	职技校草场	牛鞭草	5
	者拉村合作社	其他多年生牧草	500
	贵州惠水花溪王农业科技有限公司	青贮专用玉米	2000
云 南			20100
	寻甸宏盛农产品经营有限公司	毛苕子(非绿肥)	100
	陆良县金峰农产品开发有限公司	紫花苜蓿	5000
	洱源县惠农奶牛养殖专业合作社	青贮专用玉米	15000
陕 西			171100
	铜川市耀州区程明牧业发展有限公司	青贮专用玉米	10000
	铜川市耀州区丰源秸秆综合利用农机合作社	青贮专用玉米	5000
	陇县坪头牧草合作社	紫花苜蓿	200
	山青水秀草业专业合作社	其他一年生牧草	30000
	陕西爱德生态有限公司	紫花苜蓿	5000
	大荔坤伯农业公司	紫花苜蓿	2200

加工企业生产情况（续）

单位：吨

实际生产量	草捆产量	草块产量	草颗粒产量	草粉产量	其他	出口量	进口量
3000					3000		
1200					1200		
1200					1200		
800					800		
7005		7000			5		
7000		7000					
3000		3000					
3000		3000					
500		500					
1500				500	1000		
520	520						
5600					5600		
5000					5000		
1800					1800		
791	791					700	
2	1					1	1
200	200						
1200					1200		
18100	18000				100		
100					100		
3000	3000						
15000	15000						
100035	81627		150	3730	14528	4070	
4600					4600		
2278					2278		
150					150		
10000	10000						
4800	4800						
1900	1900						

3-30 各地区草产品

地 区	企业名称	产品牧草种类	生产能力
	大荔县苜蓿种植合作社	紫花苜蓿	2300
	大荔农垦朝邑农场	紫花苜蓿	1800
	大荔王二牛奶牛场	紫花苜蓿	1500
	合阳县河滩农产品专业合作社	紫花苜蓿	3000
	陕西晟杰实业有限公司	紫花苜蓿	2500
	陕西盛春生态牧业公司	紫花苜蓿	1800
	胖农生态农业科技有限公司	木本蛋白饲料	1000
	渭南盛丰牧业有限公司	紫花苜蓿	800
	子长县恒顺草业有限公司	青贮专用玉米	5000
	子长县兴民种养专业合作社	青贮专用玉米	5000
	子长县金硕种养殖专业合作社	青贮专用玉米	2000
	子长县无公害大棚油桃专业合作社	青贮专用玉米	2000
	洛川康盛草业有限责任公司	紫花苜蓿	1500
	榆林荣和公司	紫花苜蓿	22000
	榆林好禾来公司	紫花苜蓿	15000
	榆林茂丰公司	紫花苜蓿	12000
	榆林地茂公司	紫花苜蓿	12000
	榆林市林禾公司	紫花苜蓿	12000
	榆林羊老大公司	紫花苜蓿	5000
	榆阳区培埴种草公司	紫花苜蓿	3000
	榆林西部绿色能源	紫花苜蓿	2000
	神木县兄弟种植业有限公司	紫花苜蓿	600
	绿丰沙草业合作社	紫花苜蓿	1200
	靖边县青山绿水饲草加工有限公司	其他一年生牧草	800
	张波草粉厂	其他一年生牧草	700
	绿丰沙草业合作社	其他一年生牧草	600
	靖边县林丰农业开发有限公司	其他一年生牧草	500
	靖边县振兴养殖有限公司	其他一年生牧草	300
	绿丰沙草业合作社	柠条	200
	靖边县林丰农业开发有限公司	柠条	300
	张波草粉厂	柠条	200

加工企业生产情况（续）

单位：吨

实际生产量	草捆产量	草块产量	草颗粒产量	草粉产量	其他	出口量	进口量
1900	1900						
1500	1500						
1297	1297						
1380	1380						
1200	1200						
1200	1200						
1000	1000						
800	600				200		
2500					2500		
2000					2000		
1500					1500		
800					800		
1000	500				500		
16000	16000						
10000	10000						
10000	10000						
8000	8000						
5000	5000						
3000	3000						
1000	1000						
500	500						
500	500						
1000	350		150	500		850	
750				750		750	
650				650		650	
500				500		500	
480				480		480	
260				260		255	
180				180		180	
180				180		180	
160				160		160	

3-30 各地区草产品

地 区	企业名称	产品牧草种类	生产能力
	靖边县振兴养殖有限公司	柠条	100
甘 肃			5278941
	兰州市荣昌饲料有限公司	燕麦	2100
	兰州市荣昌饲料有限公司	紫花苜蓿	500
	甘肃欣海牧草饲料科技有限公司	紫花苜蓿	30000
	兰州世达尔生态农业有限公司	披碱草	200
	兰州腾飞草业科技开发有限公司	燕麦	20000
	永登鹏盛种植养殖专业合作社	燕麦	1600
	甘肃永沃生态农业有限公司	燕麦	10000
	永登益农种植养殖农民专业合作社	燕麦	870
	甘肃金福元草业有限公司	披碱草	1000
	永登县石门岘种植农民专业合作社	燕麦	2000
	三合草业有限公司	紫花苜蓿	
	甘肃四方草业有限公司	紫花苜蓿	
	榆中鑫鹏牧草种植有限公司	紫花苜蓿	2000
	金昌溪缪种植农民专业合作社	紫花苜蓿	2900
	甘肃省金河源牧草饲料开发有限公司	紫花苜蓿	3000
	金昌市大友农业科技发展有限公司	紫花苜蓿	3300
	甘肃杨柳青牧草饲料开发有限公司	紫花苜蓿	20000
	永昌露源农牧科技有限公司	紫花苜蓿	7000
	甘肃厚生牧草饲料有限公司	紫花苜蓿	10000
	金昌市新漠北养殖农民专业合作社	紫花苜蓿	5400
	甘肃民生牧草饲料有限公司	紫花苜蓿	10000
	甘肃猛犸农业有限公司	紫花苜蓿	5000
	金昌拓农农牧发展有限公司	紫花苜蓿	4500
	永昌县天牧源草业有限公司	紫花苜蓿	4200
	甘肃欣海牧草饲料科技有限公司	紫花苜蓿	3600
	永昌天晟农牧科技发展有限公司	紫花苜蓿	4200
	永昌县嘉禾园农牧科技有限公司	紫花苜蓿	4000
	甘肃金大地种业有限公司	紫花苜蓿	4000
	永昌县珠海草业发展有限公司	紫花苜蓿	3500

加工企业生产情况（续）

单位：吨

实际生产量	草捆产量	草块产量	草颗粒产量	草粉产量	其他	出口量	进口量
70				70		65	
2702530	1431553	119392	252204	169701	729680	617740	7000
2100	2100					2100	
500	500					1000	
						1000	
3500	1500				2000	800	
1600	1400				200	1400	
1000	1000					1000	
870	800				70	800	
560	560					280	
300	300					300	
1300	1300						
1050	1050						
2000	1000			1000			
2800	2800						
2700	2700						
2600	2600						
18000	15000		1000	2000		1800	
6811	5800		1000	11		6800	
6000	5000		1000			6000	
5400	5000			400		5000	
5000	4000		1000			5000	
5000	5000					5000	
4500	4500					4500	
4220	4160			60		4100	
4000	3500			500		3000	
4000	4000					4000	
4000	4000					4000	
3840	3840					3840	
3400	3400					3400	

3-30 各地区草产品

地 区	企业名称	产品牧草种类	生产能力
	永昌县百合种植专业合作社	紫花苜蓿	3200
	永昌润鸿草业公司	紫花苜蓿	3200
	甘肃方德农业发展有限公司	紫花苜蓿	3100
	润农节水	紫花苜蓿	3000
	永昌县星海养殖合作社	紫花苜蓿	3000
	永昌县金嘉香牧草农民专业合作社	紫花苜蓿	3000
	永昌县佰川草业科技有限公司	紫花苜蓿	3000
	永昌县永生源农民种植合作社	紫花苜蓿	2800
	甘肃首曲生态农业技术有限公司	紫花苜蓿	2800
	金昌恒坤源土地流转农民专业合作社	紫花苜蓿	2560
	永昌牧羊农牧业发展有限公司	紫花苜蓿	2500
	永昌县开源草业合作社	紫花苜蓿	2500
	金昌豪牧草业公司	紫花苜蓿	2500
	永昌翔鹏农牧有限公司	紫花苜蓿	2500
	安泰草业有限公司	紫花苜蓿	2500
	永昌县禄丰草业有限公司	紫花苜蓿	2500
	金昌豪牧草业有限公司	紫花苜蓿	2500
	永昌县牧丰农业科技发展有限公司	紫花苜蓿	2500
	甘肃元生农牧科技有限公司	紫花苜蓿	2500
	永昌县康盛源草业有限公司	紫花苜蓿	2500
	永昌润泓草业有限公司	紫花苜蓿	2500
	永昌县凯达商贸有限公司	紫花苜蓿	2500
	甘肃正道牧草有限公司	紫花苜蓿	2450
	永昌县浩坤草业有限公司	紫花苜蓿	2400
	甘肃绿都农业开发有限公司	紫花苜蓿	6000
	甘肃永康源草业有限公司	紫花苜蓿	3000
	永昌县东寨镇兴农牧田农牧综合专业合作社	紫花苜蓿	2500
	甘肃佰川草业有限公司	紫花苜蓿	2400
	金昌市禾盛茂牧业公司	紫花苜蓿	2500
	永昌县永泽茂牧草饲料有限公司	紫花苜蓿	2400
	永昌县盛鑫种植农民专业合作社	紫花苜蓿	2400

加工企业生产情况（续）

单位：吨

实际生产量	草捆产量	草块产量	草颗粒产量	草粉产量	其他	出口量	进口量
3200	3200					3200	
3200	3200					3200	
3100	3100					3100	
3000	3000					3000	
3000	3000					3000	
3000	2500			500		2500	
3000	3000					3000	
2800	2800					2800	
2800	2800					2800	
2560	2560					2500	
2500	2500					2500	
2500	2500					2500	
2500	2500					2500	
2500	2500					2500	
2500	2500					2500	
2500	2500					2500	
2500	2500					2500	
2500	2500					2500	
2500	2500					2500	
2500	2500					2500	
2500	2500					2500	
2500	2500					2500	
2450	2450					2450	
2400	2400					2400	
2400	2400					2400	
2400	2400					2400	
2400	2400					2400	
2400	2400					2400	
2400	2400					2400	
2400	2400					2400	
2400	2400					2400	

3-30 各地区草产品

地 区	企业名称	产品牧草种类	生产能力
	永昌县鼎业兴种植农民专业合作社	紫花苜蓿	2400
	甘肃金大地种业有限公司清河牧草种业分公司	紫花苜蓿	2400
	永昌县国华高科生态农业开发有限公司	紫花苜蓿	2400
	永昌县宝光农业科技发展有限公司	紫花苜蓿	2400
	永昌县金色田园农机专业合作社	紫花苜蓿	2400
	甘肃昱顺源农牧科技发展有限公司	紫花苜蓿	2400
	甘肃农垦永昌农场有限公司	紫花苜蓿	1500
	金昌三杰牧草有限公司	紫花苜蓿	1500
	永昌县青谷牧草农民专业合作社	紫花苜蓿	1200
	永昌县红山窑乡琛祥种植农民专业合作社	燕麦	1200
	永昌县新城子镇金丰达农牧农民专业合作社	燕麦	1200
	永昌县新城子镇金沃土种养综合农民专业合作社	燕麦	1200
	永昌天一农资有限公司	紫花苜蓿	1100
	靖远阜丰牧草种植专业合作社	紫花苜蓿	2000
	靖远蓝天种养殖农民专业合作社	紫花苜蓿	1280
	靖远县东方龙元牧草种植农民专业合作社	紫花苜蓿	1110
	靖远万源牧草种植农民专业合作社	紫花苜蓿	1100
	靖远民生高原养殖	紫花苜蓿	1080
	靖远县龙源牧草种植专业合作社	紫花苜蓿	1000
	靖远丰茂牧草种植农民专业合作社	紫花苜蓿	110
	会宁县康牧草业有限责任公司	紫花苜蓿	5000
	会宁县中利草业农民专业合作社	紫花苜蓿	2500
	甘肃盛旺牧草产业有限公司	紫花苜蓿	2000
	会宁县鑫丰草业专业合作社	紫花苜蓿	30000
	会宁县圣稷牧草开发农民专业合作社	紫花苜蓿	2000
	甘肃会丰牧草产业有限公司	紫花苜蓿	110000
	会宁县梅灵草粉加工专业合作社	紫花苜蓿	
	会宁县农鑫牧草专业合作社	紫花苜蓿	2000
	甘肃万紫千红牧草产业有限公司	紫花苜蓿	30000
	会宁县虎缘生态草业发展农民专业合	紫花苜蓿	2400
	景泰雪莲牧草种植专业合作社	紫花苜蓿	2800

加工企业生产情况（续）

单位：吨

实际生产量	草捆产量	草块产量	草颗粒产量	草粉产量	其他	出口量	进口量
2400	2400					2400	
2400	2400					2400	
2400	2400					2400	
2400	2400					2400	
2400	2400					2400	
2400	2400					2400	
1500	1500					1500	
1500	1500					1500	
1200	1200					1200	
1200	1200					1200	
1200	1200					1200	
1200	1200					1200	
1100	1100					1100	
2000	2000						
1280	1280					150	
1110	1110					1110	
1100	1100					1100	
1080	1080						
1000	1000					300	
110	110						
3000	2000		1000			3000	
2000	1000			1000		2000	
1600	1000		600			1600	
1425	625			90	710	710	
1300	700			600		1200	
920	520		220	180		880	
800	800					800	
680			390	290		680	
386	386					380	
300	300					300	
2600	2600						

3-30 各地区草产品

地　区	企业名称	产品牧草种类	生产能力
	天水罗成农业综合开发有限责任公司	紫花苜蓿	1200
	天水嘉禾草业有限公司	紫花苜蓿	10000
	武威煜杰农业有限公司	青贮专用玉米	
	武威天牧草业发展有限公司	紫花苜蓿	15000
	武威天牧草业发展有限公司	其他一年生牧草	10000
	武威天牧草业发展有限公司	燕麦	5000
	武威煜杰农业有限公司	青贮青饲高粱	
	民勤县欣乡原农林牧产销专业合作社	紫花苜蓿	31000
	民勤县兴圣源农业发展有限公司	紫花苜蓿	14000
	民勤县青土红崖生物科技有限公司	紫花苜蓿	12000
	民勤县鑫源草业有限责任公司	紫花苜蓿	10000
	民勤县勤旺农林牧专业合作社	紫花苜蓿	4000
	民勤县天缘农林牧产销专业合作社	紫花苜蓿	3000
	天祝晟达草业有限公司	小黑麦	700
	天祝晟达草业有限公司	燕麦	200
	甘肃藏丰原农牧开发有限公司	燕麦	200
	甘肃藏丰原农牧开发有限公司	小黑麦	140
	张掖大业草畜草业科技发展有限责任公司	紫花苜蓿	10000
	张掖市田园农业开发有限责任公司	青贮专用玉米	7000
	张掖市甘州区天扬种植农民专业合作社	青贮专用玉米	7000
	张掖市甘州区茂源种植农民专业合作社	燕麦	6000
	张掖市甘州区茂源种植农民专业合作社	紫花苜蓿	5000
	张掖市甘州区天扬种植农民专业合作社	紫花苜蓿	4500
	张掖市田园农业开发有限责任公司	紫花苜蓿	4500
	张掖天地盈农牧有限公司	紫花苜蓿	5000
	张掖市甘州区茂源种植农民专业合作社	大麦	2000
	张掖市甘州区天扬种植农民专业合作社	燕麦	500
	张掖市田园农业开发有限责任公司	燕麦	500
	张掖天地盈农牧有限公司	燕麦	1000
	张掖众成草业有限公司	紫花苜蓿	5000

加工企业生产情况（续）

单位：吨

实际生产量	草捆产量	草块产量	草颗粒产量	草粉产量	其他	出口量	进口量
1000	1000						
2500	2500						
17300	300				17000		
15000	5000		10000				
10000			10000				
5000	5000						
4000					4000		
31000	20000	1000	10000				
14000	8000	3000	3000				
12000	12000						
10000	10000						
3300	3300						
3000	3000						
660	60		600				
200	60		140				
200	60		140				
140	24		116				
9700	5700		4000				
7000					7000		
7000					7000		
5000	5000						
5000	5000						
4500	4500						
4500	4500						
4000	4000						
2000	2000						
500	500						
500	500						
300	300						
5000	5000						

3-30　各地区草产品

地　区	企业名称	产品牧草种类	生产能力
	肃南县裕盛农机合作社	紫花苜蓿	4000
	天祥草系产品合作社	紫花苜蓿	4000
	肃南县振兴农机农名合作社	紫花苜蓿	1000
	肃南县尧熬尔畜牧农民专业合作社	紫花苜蓿	1000
	华瑞农业股份有限公司	紫花苜蓿	100000
	甘肃启瑞农业科技发展有限公司	紫花苜蓿	60000
	民乐县希诺农牧业有限公司	紫花苜蓿	23000
	金地牧业开发有限公司	青贮专用玉米	15000
	甘肃万物春绿色农牧科技开发有限公司	紫花苜蓿	3900
	民乐县浩丰种植专业合作社	紫花苜蓿	3100
	民乐县茂益鑫种植专业合作社	紫花苜蓿	3000
	民乐县鑫牧草业科技有限公司	紫花苜蓿	2000
	民乐县南丰牧草种植专业合作社	燕麦	
	民乐县光晶农机服务和种植专业合作社	燕麦	
	临泽县新华草业有限责任公司	紫花苜蓿	80000
	临泽县泽牧饲草专业合作社	青贮专用玉米	30000
	临泽县宏鑫饲草专业合作社	青贮专用玉米	20000
	甘肃省国营临泽农场	紫花苜蓿	10000
	甘肃亚盛实业（集团）股份有限公司临泽分公司	紫花苜蓿	10000
	甘肃亚盛实业（集团）股份有限公司临泽分公司	青贮专用玉米	8500
	甘肃省国营临泽农场	青贮专用玉米	8500
	临泽县鹏程农牧开发有限公司	紫花苜蓿	1000
	临泽县鹏程农牧开发有限公司	燕麦	300
	高台县大业牧草科技有限责任公司	紫花苜蓿	100000
	甘肃三宝农业科技发展有限公司	燕麦	50000
	中农发山丹马场有限责任公司	燕麦	40000
	山丹县润牧饲草发展有限责任公司	燕麦	40000
	山丹县天泽农牧科技开发有限责任公司	燕麦	40000
	甘肃中牧山丹马场总场三场	燕麦	40000
	甘肃中牧山丹马场总场一场	燕麦	30000

加工企业生产情况（续）

单位：吨

实际生产量	草捆产量	草块产量	草颗粒产量	草粉产量	其他	出口量	进口量
3565	65	3500					
3548	48	3000		500			
1000		1000					
800		800					
72000	4000		15000	47000	6000		
30000			30000			30000	
20000	2000	1000	16000	1000			
13000	13000						
3432	3432					3432	
2728	2728					2728	
2640	2640					2640	
1760	1760					1760	
1100	1100					1100	
400	400					400	
45000	42000			3000			
20000	20000						
15000	15000						
10000	10000						
10000	10000						
8500	8500						
8300	8300						
800	800						
300	300						
59000	31000	15000	13000				
50000	50000					50000	
40000	40000					40000	
40000	15000		25000			40000	
40000	40000					40000	
40000	40000					40000	
30000	30000					30000	

3-30 各地区草产品

地 区	企业名称	产品牧草种类	生产能力
	山丹县祁连山牧草机械专业合作社	燕麦	20000
	山丹县聚金源农牧有限公司	燕麦	20000
	山丹县润牧饲草发展有限责任公司	紫花苜蓿	28000
	山丹县瑞禾草业有限公司	燕麦	9000
	甘肃山水绿源饲草加工有限公司	燕麦	9000
	山丹县佳牧农牧机械化专业合作社	燕麦	9000
	山丹县雨田农牧有限公司	燕麦	9000
	山丹县嘉牧禾草业有限公司	燕麦	8000
	山丹县云丰农牧专业合作社	燕麦	8000
	山丹县九盛农牧专业合作社	燕麦	8000
	山丹县庆丰收家庭农场	燕麦	6000
	山丹县誉鑫农牧家庭农场	燕麦	6000
	山丹县瑞虎农牧专业合作社	燕麦	6000
	山丹县绿盛金旺农牧业科技发展有限公司	燕麦	5000
	山丹县丰田农牧专业合作社	燕麦	4000
	山丹县华玮种植专业合作社	燕麦	4000
	山丹县国坚家庭农场	燕麦	3200
	甘肃丰实农业科技发展有限公司	燕麦	3000
	甘肃中牧山丹马场总场四场	燕麦	3000
	山丹县昌隆农机专业合作社	燕麦	2500
	甘肃天马正时生态农牧专业合作社	燕麦	2000
	山丹县美佳牧草家庭农场	燕麦	1600
	山丹县昌隆农机专业合作社	青贮专用玉米	1500
	山丹县昌隆农机专业合作社	紫花苜蓿	1500
	山丹县钰铭家庭农场	燕麦	5
	甘肃天赐益生畜牧业开发有限公司	紫花苜蓿	800
	甘肃绿源牧草有限公司	青贮专用玉米	100000
	酒泉大业草业	紫花苜蓿	100000
	酒泉大业牧草饲料有限责任公司	紫花苜蓿	100000
	酒泉兴科饲草农业专业合作社	紫花苜蓿	50000

加工企业生产情况（续）

单位：吨

实际生产量	草捆产量	草块产量	草颗粒产量	草粉产量	其他	出口量	进口量
20000	20000						
20000	20000					20000	
16000	5000	9000	1000	1000		16000	
9000	9000					9000	
9000	9000					9000	
9000	9000					9000	
9000	9000					11000	2000
8000	8000					8000	
8000	8000					8000	
8000	8000					8000	
6000	6000					6000	
6000	6000					6000	
6000	6000					6000	
5000	5000					5000	
4000	4000					4000	
4000	4000					4000	
3200	3200					3200	
3000	3000					3000	
3000	3000					3000	
2500	2500					2500	
2000	2000					2000	
1600	1600					6600	5000
1500	1500					1500	
1500	1500					1500	
5	5						
570	200			370			
10000					10000		
35000	15000	8000	7000	5000			
31000	11000	8000	7000	5000			
25000	10000	5000	5000	5000			

3-30 各地区草产品

地 区	企业名称	产品牧草种类	生产能力
	酒泉市未来草业有限公司	紫花苜蓿	10000
	甘肃金禾循环农业科技有限公司	紫花苜蓿	5000
	酒泉鑫磊农业公司	紫花苜蓿	10000
	酒泉福坤饲草开发有限责任公司	紫花苜蓿	4000
	肃州区夹山子朝霞家庭农场	紫花苜蓿	4000
	酒泉宏宇农业有限公司	紫花苜蓿	2000
	酒泉市志诚高效农业开发有限责任公司	紫花苜蓿	2000
	酒泉庆合农业开发有限公司	紫花苜蓿	2000
	酒泉厚德瑞草业有限公司	紫花苜蓿	2000
	酒泉市清兴农民专业合作社	紫花苜蓿	2000
	金牧草业专业合作社	紫花苜蓿	20000
	金畜源牧业有限公司	紫花苜蓿	10000
	甘肃亚盛田园牧歌草业集团有限公司	紫花苜蓿	
	金塔盛地草业有限公司	紫花苜蓿	
	甘肃亚盛实业（集团）股份有限公司金塔分公司	紫花苜蓿	
	金塔县金鼎源草业开发有限公司	紫花苜蓿	
	金塔县荣生种植农民专业合作社	紫花苜蓿	
	金塔县鑫地种植专业合作社	紫花苜蓿	
	瓜州县立林生态农业科技发展有限责任公司	紫花苜蓿	3600
	瓜州县西域牧歌牧草农民专业合作社	紫花苜蓿	3400
	瓜州县济华苜蓿草业农民专业合作社	紫花苜蓿	2300
	瓜州县西域牧歌牧草农民专业合作社	燕麦	2000
	甘肃龙麒生物科技有限公司	紫花苜蓿	1860
	瓜州县裕鑫草业农民专业合作社	紫花苜蓿	680
	瓜州县金绿苑种植农民专业合作社	紫花苜蓿	650
	瓜州县良源种畜禽繁育有限责任公司	燕麦	350
	瓜州县永绿牧草农民专业合作社	紫花苜蓿	336
	瓜州县立林生态农业科技发展有限责任公司	燕麦	320
	瓜州县景绿林牧草农民专业合作社	紫花苜蓿	290
	瓜州县裕鑫草业农民专业合作社	燕麦	260

加工企业生产情况（续）

单位：吨

实际生产量	草捆产量	草块产量	草颗粒产量	草粉产量	其他	出口量	进口量
5000	5000						
2800	2000			800			
2000	2000						
2000	2000						
1500	1500						
1000	1000						
1000	1000						
1000	1000						
750	750						
500	500						
19000	12000			7000			
10000	7000			3000			
8000	8000						
8000	8000						
5000	5000						
3000	3000						
800	800						
800	800						
3600	3600						
3400	3400						
2300	2300						
2000	2000						
1860	1860						
680	680						
650	650						
350	350						
336	336						
320	320						
290	290						
260	260						

3-30 各地区草产品

地 区	企业名称	产品牧草种类	生产能力
	瓜州县良源种畜禽繁育有限责任公司	紫花苜蓿	200
	瓜州县济华苜蓿草业农民专业合作社	燕麦	200
	瓜州县金绿苑种植农民专业合作社	燕麦	160
	甘肃龙麒生物科技有限公司	燕麦	130
	肃北县草原风农民专业合作社	紫花苜蓿	500
	肃北蒙古族自治县诚农农民专业合作社	紫花苜蓿	3000
	肃北县丰绪勇峰农民专业合作社	紫花苜蓿	2000
	阿克塞县浩丹饲料牧业有限责任公司	紫花苜蓿	100000
	甘肃亚盛实业(集团)股份有限公司饮马分公司	紫花苜蓿	100000
	玉门石油农牧业有限公司	紫花苜蓿	50000
	玉门大业草业科技发展有限责任公司	紫花苜蓿	180000
	玉门制成三合饲草技术开发有限公司	紫花苜蓿	20000
	玉门丰花草业有限公司	紫花苜蓿	12000
	玉门市植丰农机服务农民专业合作社	紫花苜蓿	10000
	甘肃亚盛实业（集团）股份有限公司黄花分公司	紫花苜蓿	10000
	玉门市欣茂饲草农民专业合作社	紫花苜蓿	12000
	玉门市佰基农业科技有限公司	紫花苜蓿	8000
	玉门市康地牧业有限公司	紫花苜蓿	2000
	玉门市赤金镇长生种养农民专业合作社	紫花苜蓿	1400
	敦煌市盛合葡萄农民专业合作社	紫花苜蓿	18000
	敦煌市郭发养羊农民专业合作社	紫花苜蓿	20000
	敦煌市程宸农牧有限责任公司	紫花苜蓿	8000
	庆阳天绿玉米秸秆青贮养畜专业合作社	青贮专用玉米	100000
	甘肃荟荣草业有限公司	燕麦	10000
	甘肃荟荣草业有限公司	紫花苜蓿	10000
	环县兴陇草业有限责任公司	紫花苜蓿	1000
	华池县绿野畜牧业开发有限公司	紫花苜蓿	2000
	合水县灵润草业有限公司	青贮专用玉米	
	庆阳绿鑫草业公司	紫花苜蓿	6000
	镇原县丰源草业有限责任公司	紫花苜蓿	3000

加工企业生产情况（续）

单位：吨

实际生产量	草捆产量	草块产量	草颗粒产量	草粉产量	其他	出口量	进口量
200	200						
200	200						
160	160						
130	130						
500	500						
200	200						
200	200						
2000	2000						
50000	50000						
30000	18000	4500	4500	3000			
18000	10800		7200				
10000	6000	1500	1500	1000			
8000	8000						
6500	6500						
6000	6000						
6000	6000						
5000	5000						
1600	1600						
900	900						
14000			14000				
12000			12000				
5000			5000				
8000					8000		
4623	4623						
3090	3090						
160	160						
1800		1800					
2730	70	110		2550			
6000	5000	1000					
1200	840	50	70	240			

3-30 各地区草产品

地 区	企业名称	产品牧草种类	生产能力
	庆阳市西部情草业有限公司	紫花苜蓿	1000
	定西巨盆草牧业有限公司	青贮专用玉米	200000
	甘肃民祥牧草有限公司	青贮专用玉米	200000
	甘肃民祥牧草有限公司	其他一年生牧草	130000
	甘肃现代草业有限公司	青贮专用玉米	200000
	甘肃现代草业有限公司	紫花苜蓿	80000
	甘肃田塬农牧业有限公司	青贮专用玉米	100000
	甘肃民祥牧草有限公司	紫花苜蓿	10000
	定西明盛牧草有限公司	青贮专用玉米	100000
	定西都胜畜禽农民专业合作社	青贮专用玉米	100000
	定西巨盆草牧业有限公司	紫花苜蓿	100000
	甘肃现代草业有限公司	其他一年生牧草	70000
	定西明盛牧草有限公司	紫花苜蓿	50000
	定西都胜畜禽农民专业合作社	紫花苜蓿	7000
	甘肃民祥牧草有限公司	红豆草	10000
	定西兄弟牧草农民专业合作社	青贮专用玉米	2000
	甘肃乡草坊生态农牧科技发展有限公司	紫花苜蓿	500
	定西鸿德农牧农民专业合作社	红豆草	100
	甘肃乡草坊土特产品有限公司	紫花苜蓿	100
	甘肃华家岭农业科技开发有限责任公司	燕麦	100000
	甘肃天耀草业科技有限公司	紫花苜蓿	100000
	甘肃鹿鹿山牧业有限责任公司	燕麦	10000
	甘肃康民草业科技有限公司	青贮专用玉米	10000
	通渭县尖岗山农牧专业合作社	燕麦	
	通渭县三铺农牧专业合作社	燕麦	10000
	通渭县华家岭农牧专业合作社	燕麦	
	通渭油房农牧专业合作社	燕麦	
	甘肃省鑫渊盛草业有限公司	青贮专用玉米	30000
	陇西县中山养殖农民专业合作社	青贮专用玉米	5000
	陇西县中山养殖农民专业合作社	紫花苜蓿	5000

加工企业生产情况（续）

单位：吨

实际生产量	草捆产量	草块产量	草颗粒产量	草粉产量	其他	出口量	进口量
800	560	32	48	160			
100000					100000		
100000					100000		
74000	20000				54000		
62500					62500		
60000	8000		15000	25000	12000		
60000					60000		
55000	20000		10000	12000	13000		
51000					51000		
50000					50000		
40610	4630		5680	10300	20000		
25500					25500		
12000	12000						
5000	5000						
2000	2000						
1500	1000				500		
100	100						
60	60						
50	50						
18300					18300		
11800	5600	6200					
5200					5200		
5000	5000						
500	500						
300	300						
300	300						
200	200						
20000					20000		
11500	4000	3000	1000	3000	500		
11000	4000	3000	1000	3000			

3-30 各地区草产品

地 区	企业名称	产品牧草种类	生产能力
	陇西县陇穗草业有限公司	紫花苜蓿	2000
	渭源县渭宝草业开发有限责任公司	紫花苜蓿	5000
	临洮县洮珠饲草料配送中心	青贮专用玉米	150000
	临洮县新益民饲草料配送中心	青贮专用玉米	30000
	临洮县丰太草业公司	紫花苜蓿	3000
	临洮县恒泰种养殖合作社	紫花苜蓿	2000
	岷县方正草业开发有限公司	猫尾草	4000
	岷县开顺牧草种植农民专业合作社	猫尾草	4000
	岷县方正草业开发有限公司	红三叶	3000
	岷县绿草种植农民专业合作社	猫尾草	2000
	岷县满青牧草种植农民专业合作社	猫尾草	1000
	陇南市美达牧业有限责任公司	紫花苜蓿	600
	陇南市武都区绿园农业开发有限公司	紫花苜蓿	400
	临夏县众新畜牧饲草料有限公司	青贮专用玉米	100000
	康美公司	青贮专用玉米	200000
	康乐县正兴草业有限责任公司	青贮专用玉米	100000
	康乐县牧源养殖农民专业合作社	青贮专用玉米	30000
	康乐县惠众粮改饲农民专业合作社	青贮专用玉米	10000
	康晖现代农牧产业有限公司	青贮专用玉米	20000
	甘肃刘家峡农业开发集团有限公司	紫花苜蓿	3000
	广河县恒达众诚农牧开发有限公司	青贮专用玉米	100000
	广河县伊泽苑牛羊养殖农民专业合作社	青贮专用玉米	50000
	广河县榆杨牛羊养殖农民专业合作社	青贮专用玉米	50000
	甘肃腾渊农牧开发有限公司	青贮专用玉米	50000
	广河县晓鹏牛羊养殖农民专业合作社	青贮专用玉米	30000
	广河县品优生态养殖农民专业合作社	青贮专用玉米	10000
	合作市恒达农产业农牧民专业合作社	燕麦	6500
	临潭县紫荆花公司	燕麦	2000
青 海			846516
	湟中鲍丰农机服务专业合作社	燕麦	13760

加工企业生产情况（续）

单位：吨

实际生产量	草捆产量	草块产量	草颗粒产量	草粉产量	其他	出口量	进口量
40	40						
3000	2000			1000			
97000	40000				57000		
13000	13000						
2200	2000				200		
2000	1000				1000		
3000	3000						
3000	3000						
2000					2000		
1700	1700						
800	800						
400	400						
200	200						
80000	34950	39900		5150			
22000			10000		12000		
11000				8000	3000		
5000				5000			
3000				3000			
2000				2000			
1320	1320						
30000	30000						
25000	25000						
25000	25000						
20000	20000						
15000	15000						
5000	5000						
3400	1400		2000				
1460	1460						
369277	73520	46836	9060	9050	230811	6993	
8820	6000				2820		

3-30 各地区草产品

地　区	企业名称	产品牧草种类	生产能力
	青海互邦农业开发有限公司	燕麦	5350
	青海藏地堂生物科技开发有限公司	燕麦	3880
	青海春源畜牧业有限公司	燕麦	6350
	湟中志宏种养殖专业合作社	燕麦	1675
	西宁富农草业生物开发有限公司	燕麦	50000
	青海三江一力农业有限公司	燕麦	50000
	青海万佳和草业有限公司	青贮专用玉米	15000
	青海万佳和草业有限公司	燕麦	12000
	海东市乐都区牧兴草业有限公司	燕麦	8000
	青海凯瑞生态科技有限公司	燕麦	50000
	民和绿宝饲草开发有限公司	青贮专用玉米	200000
	月秀饲料加工公司	青贮专用玉米	50000
	鲁青饲料公司	青贮专用玉米	50000
	畜丰饲料生产公司	青贮专用玉米	20000
	民和恒兴畜牧科技有限公司	青贮专用玉米	20000
	民和沛农饲草协会	青贮专用玉米	10000
	绿宝源农牧发展公司	青贮专用玉米	10000
	民和惠农饲草协会	青贮专用玉米	10000
	荣成生态农牧公司	青贮专用玉米	10000
	盛丰农牧有限公司	青贮专用玉米	10000
	腾翔生态农牧公司	青贮专用玉米	10000
	金宝农牧开发公司	青贮专用玉米	10000
	常丰饲草科技公司	青贮专用玉米	10000
	顺源饲料有限公司	青贮专用玉米	10000
	大河滩饲草加工公司	青贮专用玉米	10000
	悦动饲草加工合作社	青贮专用玉米	10000
	绿大地饲草科技公司	青贮专用玉米	10000
	成山种植专业合作社	青贮专用玉米	10000
	兆林草业专业合作社	青贮专用玉米	10000
	民和丰龙饲料科技开发有限公司	青贮专用玉米	10000

加工企业生产情况（续）

单位：吨

实际生产量	草捆产量	草块产量	草颗粒产量	草粉产量	其他	出口量	进口量
3880	2000				1880		
2410	1000				1410		
1628	500				1128		
1240	300				940		
47550	11000		5500	9050	22000		
38530		32000			6530		
5876		5876					
3835		3835					
2105		2105					
35570	35570						
40000					40000		
35000					35000		
18000					18000		
8000					8000		
7500					7500		
6000					6000		
6000					6000		
5000					5000		
5000					5000		
3000					3000		
3000					3000		
2000					2000		
2000					2000		
2000					2000		
2000					2000		
2000					2000		
2000					2000		
2000					2000		
1500					1500		
1500					1500		

3-30 各地区草产品

地 区	企业名称	产品牧草种类	生产能力
	天方农牧科技公司	青贮专用玉米	10000
	绿丰商贸有限公司	青贮专用玉米	10000
	金兰饲草种植公司	青贮专用玉米	10000
	顺庆饲草科技公司	青贮专用玉米	10000
	雪峰农牧有限公司	青贮专用玉米	10001
	互助县佳华生态牧草种植农民专业合作社	燕麦	5000
	互助县文康家畜养殖专业合作社	青贮专用玉米	5000
	互助县兴牧养殖专业合作社	青贮专用玉米	2000
	互助县兴牧养殖专业合作社	燕麦	2000
	互助县文康家畜养殖专业合作社	燕麦	1500
	化隆县马阴山现代生态牧场	燕麦	5000
	化隆县五牛种养殖专业合作社	燕麦	4000
	化隆县翔林现代生态牧场	燕麦	4000
	门源县麻莲草业有限责任公司	燕麦	20000
	门源县富源青高原草业发展有限责任公司	燕麦	10000
	门源马场	披碱草	1000
	同德牧场良种繁殖场	燕麦	10000
	青海现代草业发展有限公司	燕麦	21000
宁 夏			679439
	宁夏农垦茂盛草业有限公司	紫花苜蓿	60000
	万苗种植专业合作社	紫花苜蓿	7000
	平吉堡农牧场	紫花苜蓿	4950
	贺兰山农牧场	紫花苜蓿	4800
	贺兰中地生态牧场有限公司	紫花苜蓿	27000
	宁夏农垦集团暖泉农场	青贮专用玉米	42000
	宁夏农垦集团暖泉农场	紫花苜蓿	14500
	贺兰县暖泉新盛源草业有限公司	紫花苜蓿	3000
	贺兰中地生态牧场有限公司	青贮青饲高粱	7200
	贺兰县金元生态林业开发有限公司	青贮青饲高粱	4500
	贺兰县汇丰源牧业有限公司	紫花苜蓿	3000

加工企业生产情况（续）

单位：吨

实际生产量	草捆产量	草块产量	草颗粒产量	草粉产量	其他	出口量	进口量
1500					1500		
1500					1500		
1500					1500		
1000					1000		
1000					1000		
4183					4183		
4164					4164		
2000					2000		
2000	800				1200		
1496	700				796		
4000	4000						
3000	3000						
3000	3000						
13000					13000		
7000					7000		
500	500						
5720	4000	500	320		900		
7770	1150	2520	3240		860	6993	
476734	225662	2	82400	26350	142320		3090
25000	25000						
7000	7000						
4950	4950						
4800	4800						
56920	13420				43500		2267
42000					42000		
29000	8700				20300		
12000					12000		
5870	2090				3780		
4500					4500		
3075	2575				500		

3-30 各地区草产品

地 区	企业名称	产品牧草种类	生产能力
	宁夏兴蔬源农牧有限公司	紫花苜蓿	3000
	宁夏金马产业发展有限公司	紫花苜蓿	3000
	宁夏塞尚乳业有限公司	紫花苜蓿	3000
	贺兰县祥鑫泰养殖专业合作社	青贮青饲高粱	1800
	贺兰中地生态牧场有限公司	燕麦	540
	贺兰县精品稻麦产销专业合作社	冬牧 70 黑麦	360
	贺兰县立岗心园蔬菜产销专业合作社	冬牧 70 黑麦	340
	贺兰县祥达种植业专业合作社	冬牧 70 黑麦	320
	贺兰县四海综贸有限公司	冬牧 70 黑麦	300
	宁夏宁林苑农业科技有限公司	冬牧 70 黑麦	300
	贺兰县通瑞粮食产销合作社	冬牧 70 黑麦	275
	贺兰县常信乡九旺粮食产销专业合作社	冬牧 70 黑麦	250
	宁夏贺兰县丰谷稻业产销专业合作社	冬牧 70 黑麦	250
	贺兰县光杰瓜菜产销专业合作社	冬牧 70 黑麦	240
	贺兰县黄河香农作物产销专业合作社	冬牧 70 黑麦	200
	灵武市欣兴饲草有限公司	紫花苜蓿	83000
	石嘴山市卉丰农林牧场	紫花苜蓿	4800
	大武口金利家庭农场	冬牧 70 黑麦	500
	惠农区金叶饲草加工专业合作社	其他一年生牧草	30000
	石嘴山市卉丰农林牧场	紫花苜蓿	15000
	惠农区祥通农牧有限公司	紫花苜蓿	6000
	惠农区兴业奶牛养殖专业合作社	紫花苜蓿	4000
	惠农区佳农奶牛养殖专业合作社	紫花苜蓿	3000
	惠农区润通养殖专业合作社	紫花苜蓿	3000
	惠农区宝马奶牛养殖专业合作社	紫花苜蓿	4000
	吴忠市五里坡牧草种植专业合作社	紫花苜蓿	10000
	宁夏富阳工贸集团红寺堡区农林有限公司	紫花苜蓿	3000
	盐池县宝发生态农业种植发展有限公司	紫花苜蓿	30000
	盐池县绿海苜蓿产业发展有限公司	紫花苜蓿	40000
	宁夏紫花天地农业有限公司	紫花苜蓿	1500

加工企业生产情况（续）

单位：吨

实际生产量	草捆产量	草块产量	草颗粒产量	草粉产量	其他	出口量	进口量
2400	2400						
1800	1800						
1800	1800						
1800					1800		
540	540						823
360	360						
340	340						
320	320						
300	300						
300	300						
275	275						
250	250						
250	250						
240	240						
200	200						
83000	22000		50000	11000			
3200	3200						
400	400						
25000	22000		3000				
8000	7000				1000		
3000	3000						
1600	1600						
1400	1400						
1200	1200						
1100	1100						
8100	8100						
2700	2700						
2500	2500						
2000	2000						
2000	2000						

3-30 各地区草产品

地 区	企业名称	产品牧草种类	生产能力
	盐池县巨峰农业有限公司	紫花苜蓿	2000
	中德海（宁夏）农牧有限公司	紫花苜蓿	2000
	宁夏丰田农牧有限公司	紫花苜蓿	1200
	宁夏金润泽生态草产业有限公司	紫花苜蓿	500
	宁夏丰池农牧有限公司	紫花苜蓿	1500
	宁夏金宇浩源农牧业发展有限公司	紫花苜蓿	1000
	同心县德瑞农林牧科技有限公司	青贮专用玉米	1800
	同心县昊盛饲草种植专业合作社	紫花苜蓿	300
	兴盛达农牧专业合作社	紫花苜蓿	3
	宁夏固原荟峰农牧有限公司	紫花苜蓿	9380
	固原宝发农牧有限责任公司	紫花苜蓿	3800
	原州区俊宏养牛专业合作社	紫花苜蓿	3160
	固原原州区金惠饲草产销专业合作社	紫花苜蓿	1560
	固原市原州区畜旺牧草种植专业合作社	紫花苜蓿	1800
	固原市原州区军霞种植专业合作社	紫花苜蓿	1140
	固原春源草业有限公司	紫花苜蓿	700
	固原市原州区禾丰农牧技术推广专业合作社	紫花苜蓿	800
	西吉县天源牧草种植专业合作社	紫花苜蓿	1
	文山生态养殖专业合作社	紫花苜蓿	1
	乐耕养殖专业合作社	紫花苜蓿	1
	宁夏四丰万亩绿源家庭牧场	紫花苜蓿	1
	熙鹿苑养殖专业合作社	紫花苜蓿	1
	永双舍饲养殖与草畜种植专业合作社	紫花苜蓿	1
	恒通草畜产业合作社	紫花苜蓿	1
	隆德县腾发牧草专业合作社	紫花苜蓿	10000
	隆德县金杉种养殖专业合作社	紫花苜蓿	5000
	李科	紫花苜蓿	5000
	王小慧	紫花苜蓿	5000
	宁夏大田新天地生物有限公司	青贮专用玉米	100000
	固原宝发农牧有限公司	紫花苜蓿	3000

加工企业生产情况（续）

单位：吨

实际生产量	草捆产量	草块产量	草颗粒产量	草粉产量	其他	出口量	进口量
2000	2000						
1200	1200						
1200	1200						
1000	1000						
1000	1000						
500	500						
1800	1800						
300	300						
2		2					
9380	300		3000	3500	2580		
3800	3000				800		
2160					2160		
1560	760				800		
1000					1000		
960	260				700		
700	700						
600	400				200		
1							
3200	700			1300	1200		
3150	150				3000		
730	230				500		
400	100			300			
20000	20000						
24000	2000		20000	2000			

3-30 各地区草产品

地　区	企业名称	产品牧草种类	生产能力
	彭阳县荣发农牧有限公司	紫花苜蓿	50000
	彭阳县国银林草加工专业合作社	紫花苜蓿	3
	彭阳县富民草业农民专业合作社	紫花苜蓿	2
	宁夏绿康源农牧科技有限公司	紫花苜蓿	12000
	海原华润农业有限公司	紫花苜蓿	20000
	宁夏锦彩生态农业科技发展有限公司	紫花苜蓿	4000
	海原县憨农乐种养专业合作社	紫花苜蓿	2500
	海原县兴泰草畜产业合作社	紫花苜蓿	360
新　疆			452014
	巴里坤县鑫诚饲料有限责任工司	紫花苜蓿	60000
	巴里坤健坤牧业有限公司	紫花苜蓿	20000
	伊吾县天佑农牧业科技开发有限公司	紫花苜蓿	50000
	田北牧草草料加工厂	紫花苜蓿	2000
	新疆克利尔有限公司	紫花苜蓿	12
	巴楚县汇鑫农牧科技有限公司	紫花苜蓿	20000
	新疆百乐凯畜牧科技有限公司	紫花苜蓿	40000
	新疆玖牧草业公司	紫花苜蓿	20000
	鑫牧哥	紫花苜蓿	2
	大尾羊公司	紫花苜蓿	90000
	九州农牧业发展有限公司	紫花苜蓿	30000
	润辉种养殖合作社	紫花苜蓿	100000
	吉木乃县新牧康农副产品初加工专业合作社	紫花苜蓿	20000
兵　团			70000
	222 团	紫花苜蓿	50000
	五师双河市牧丰草业合作社	紫花苜蓿	20000
农　垦			22540
	绥化农垦天成草业有限责任公司	紫花苜蓿	12000
	黑龙江农垦东兴草业有限公司	紫花苜蓿	10540

加工企业生产情况（续）

单位：吨

实际生产量	草捆产量	草块产量	草颗粒产量	草粉产量	其他	出口量	进口量
12000	1000		6000	5000			
6400	4000		400	2000			
2000	1000			1000			
11000	11000						
10000	10000						
1850	1700			150			
1100	1000			100			
250	250						
153754	52600	300	71454	100	29300	20000	20000
5000					5000		
345			345				
10000			10000				
2000	1500	300	100	100			
7			7				
18000			18000				
20000			20000			20000	20000
3000			3000				
2			2				
20800	700		8000		12100		
13600	400		1000		12200		
60000	50000		10000				
1000			1000				
30000		25000	5000				
25000		25000					
5000			5000				
8045					8045		
8045					8045		

3-31 各地区牧区半牧区草产品

地 区	企业名称	产品牧草种类	生产能力
全 国			**3271259**
河 北			21000
	河北野沃苏牧业有限公司	羊草	10000
	河北省丰宁满族自治县伯强草业公司	青贮专用玉米	11000
山 西			6000
	格瑞伟业	紫花苜蓿	6000
内蒙古			1010013
	木禾草业 1	青贮专用玉米	5000
	石宝镇柠条加工厂	柠条	4000
	乌克镇柠条加工厂	柠条	3000
	木禾草业 2	紫花苜蓿	1000
	达茂旗金犁合作社	紫花苜蓿	900
	秋实草业公司	燕麦	49848
	田园牧歌草业公司	紫花苜蓿	34186
	内蒙古黄羊洼草业	紫花苜蓿	24000
	伊禾绿锦草业公司	紫花苜蓿	23200
	巴雅尔草业公司	燕麦	16000
	蒙草抗旱公司	燕麦	10970
	绿生源生态科技有限公司	紫花苜蓿	8946
	东星公司	紫花苜蓿	8492
	东诺尔合作社	紫花苜蓿	6500
	联牛牧草种植有限公司	燕麦	6478
	首农辛普劳绿田园公司	紫花苜蓿	8000
	惠农公司	紫花苜蓿	5592
	达布希草业有限公司	紫花苜蓿	5701
	地森公司	燕麦	3300
	天哥草业	燕麦	4320
	天一草业公司	燕麦	3300
	地一公司	紫花苜蓿	2880
	草都公司	燕麦	2810
	犇未来草业公司	燕麦	1600

加工企业生产情况

单位：吨

实际生产量	草捆产量	草块产量	草颗粒产量	草粉产量	其他	出口量	进口量
2083570	**1631219**	**241260**	**116844**	**23811**	**70436**	**567023**	**12000**
7800	5200	2600					
3600	1000	2600					
4200	4200						
2610	620			1990			
2610	620			1990			
562475	448287	47000	47188	7000	13000		5000
5000					5000		
4000				4000			
3000				3000			
1000	1000						
900	900						
37386	37386						
25639	25639						
21000	21000						
18850	18850						
13600	13600						
10970	10970						
7828	7828						
7431	7431						
6300	6300						
5506	5506						
5000	5000						
4544	4544						
3588	3588						
3300	3300						
3240	3240						
3168	3168						
2448	2448						
2107	2107						
1536	1536						

3-31 各地区牧区半牧区草产品

地 区	企业名称	产品牧草种类	生产能力
	常鑫宏农庄公司	燕麦	2200
	长青农牧科技公司	紫花苜蓿	852
	巴林左旗福呈祥牧业	紫花苜蓿	50
	巴林左旗超越饲料	紫花苜蓿	28
	巴林左旗牧兴源饲料	紫花苜蓿	10
	赤峰市牧原草业饲料有限责任公司	紫花苜蓿	6000
	民悦君丰农牧科技有限公司	紫花苜蓿	6500
	赤峰市克什克腾旗蒙原草业有限公司	紫花苜蓿	5000
	克什克腾旗罕达罕种贮草养殖合作社	紫花苜蓿	3000
	克什克腾旗合兴农畜开发有限公司	紫花苜蓿	9000
	克什克腾旗祥达草业有限公司	紫花苜蓿	700
	北京鼎盛基业股份有限公司	紫花苜蓿	8200
	赤峰市国丰农业开发有限公司	紫花苜蓿	4000
	赤峰市圣泉生态农牧业公司	紫花苜蓿	7000
	内蒙古沃龙海生态科技发展有限公司	紫花苜蓿	1000
	内蒙古黄羊洼草业有限公司	紫花苜蓿	100000
	科左中旗繁盛种植专业合作社	紫花苜蓿	9600
	科左中旗星圣养殖专业合作社	紫花苜蓿	7200
	科左中旗科翔种植专业合作社	紫花苜蓿	5600
	通辽市科尔沁农机种植专业合作社	紫花苜蓿	4900
	通辽顺天丰草业有限公司	紫花苜蓿	4800
	科左中旗瀚海绿园草业专业合作社	紫花苜蓿	3600
	科左中旗益牧牧草种植专业合作社	紫花苜蓿	2500
	内蒙古圣佳农业科技有限公司	紫花苜蓿	2000
	内蒙古科尔沁肉牛种业股份有限公司	紫花苜蓿	700
	林辉草业	紫花苜蓿	6000
	正昌草业	紫花苜蓿	3000
	林辉草业	燕麦	200
	通辽市三牧草业有限公司	紫花苜蓿	700
	库伦旗盛丰牧草种植专业合作社	紫花苜蓿	525
	库伦旗龙腾牧草种植农民专业合作社	紫花苜蓿	525

加工企业生产情况（续）

单位：吨

实际生产量	草捆产量	草块产量	草颗粒产量	草粉产量	其他	出口量	进口量
1100	1100						
745	745						
50			50				
28			28				
10			10				
6000			6000				
5200	5200						
4100	2500		1600				
2400	2400						
1400	1400						
610	610						
8000	5000		3000				
2400	2400						
2000	2000						
600	600						
60000	30000		30000				
4800	4800						
3600	3600						
2800	2800						
2450	2450						
2400	2400						
1800	1800						
1250	1250						
1000	1000						
350	350						
4000	4000						
1000	1000						
200	200						
700	700						
525	525						
525	525						

3-31 各地区牧区半牧区草产品

地 区	企业名称	产品牧草种类	生产能力
	扎鲁特旗牧源农业种植专业合作社	紫花苜蓿	15000
	通辽禾丰天弈草业有限公司	紫花苜蓿	11000
	内蒙古牧熙生态草业有限公司	紫花苜蓿	10000
	扎鲁特旗向前牧草种植专业合作社	紫花苜蓿	7000
	内蒙古蒙草生态牧场（通辽）有限公司	紫花苜蓿	4000
	巴彦淖尔市润福农业开发有限公司	其他一年生牧草	20000
	内蒙古正时草业有限公司	紫花苜蓿	12000
	达拉特旗裕祥农牧业有限公司	紫花苜蓿	100000
	内蒙古东达生物科技有限公司	紫花苜蓿	13000
	内蒙古顺沐隆草业有限责任公司	紫花苜蓿	5000
	达拉特旗宝丰生态有限责任公司	紫花苜蓿	5000
	内蒙古广缘十方现代生态农业有限公司	紫花苜蓿	3000
	达拉特旗邦成农业开发有限责任公司	紫花苜蓿	2000
	达拉特旗万森种养殖农民专业合作社	紫花苜蓿	1000
	鄂尔多斯市万通农牧业科技有限公司	紫花苜蓿	1000
	盛世金农农牧业开发有限责任公司	紫花苜蓿	50000
	内蒙古赛乌素绿丰农牧业开发有限公司	紫花苜蓿	20000
	鄂托克旗赛乌素绿洲草业有限责任公司	紫花苜蓿	30000
	内蒙古安宏农牧业开发有限公司	紫花苜蓿	50000
	索永生态环境有限公司	紫花苜蓿	2400
	阳波畜牧业发展服务有限公司	燕麦	7000
	呼伦贝尔市华和农牧业有限公司	紫花苜蓿	23400
	阳波畜牧业发展服务有限公司	紫花苜蓿	8800
	浩饶山景泽农牧业生产农民专业合作社	紫花苜蓿	15000
	蘑菇气镇利农蓄草农民专业合作社	青贮专用玉米	10000
	哈拉苏双龙合作社	青贮专用玉米	8000
	内蒙古小黑头羊牧业有限责任公司	其他多年生牧草	10000
	锡市亿产牧民草业专业合作社	其他一年生牧草	5000
	阿拉善盟圣牧高科生态草业有限公司 1	青贮专用玉米	100000
	阿拉善盟圣牧高科生态草业有限公司 2	紫花苜蓿	16000
吉 林			244500

加工企业生产情况（续）

单位：吨

实际生产量	草捆产量	草块产量	草颗粒产量	草粉产量	其他	出口量	进口量
15000		15000					
11000		11000					
10000		10000					
7000		7000					
4000		4000					
12000	10000		2000				
10500	10500						5000
9000	9000						
8000					8000		
3500	3500						
3000	3000						
2800	2800						
900	900						
800	800						
800	800						
17400	17400						
6600	6600						
6000	1500		4500				
3600	3600						
7000	7000						
5031	5031						
1760	1760						
7000	7000						
6000	6000						
4000	4000						
8000	8000						
400	400						
60000	60000						
12000	12000						
95000	87500	5000			2500		

3-31 各地区牧区半牧区草产品

地　区	企业名称	产品牧草种类	生产能力
	双辽众彩秸秆科技有限公司	青贮专用玉米	10000
	吉林平泰畜牧科技有限公司	紫花苜蓿	3500
	双辽市顺通草业有限公司	紫花苜蓿	2500
	王树芳	羊草	20000
	吴洪山	羊草	10000
	红海草业	羊草	10000
	大山乡爱城	青贮青饲高粱	5000
	通榆县吉运公司	紫花苜蓿	37500
	洮南市圣一金地农业发展有限公司	燕麦	30000
	黑水鑫盛源牧草加工销售合作社	紫花苜蓿	5000
	洮南市益安经济贸易有限公司	紫花苜蓿	8000
	洮南市喜芝生态种植养殖合作社	紫花苜蓿	3000
	吉林华雨草业有限公司	羊草	100000
黑龙江			626250
	甘南县德林种植专业合作社	紫花苜蓿	2000
	马岗牧草专业合作社	紫花苜蓿	6500
	键伟贮草场	羊草	7500
	林甸县丰牧公司	羊草	6800
	杜蒙县远方苜蓿发展有限公司	紫花苜蓿	450
	黑龙江省兰胜草业科技有限公司	紫花苜蓿	10000
	青冈县青新饲草专业合作社	羊草	6000
	青冈县吉兴饲草有限公司	羊草	3000
	松嫩绿草饲草经销有限公司	羊草	20000
	明水县洪泽饲草经销有限公司	羊草	20000
	明水县兴源饲草经销有限公司	羊草	20000
	永昌饲草公司	羊草	150000
	凤臣饲草公司	紫花苜蓿	130000
	永龙源农牧业技术有限公司	紫花苜蓿	110000
	北大荒种植合作社	羊草	100000
	宋站农畜产品经销公司	羊草	10000
	肇东市绿源饲草有限公司	羊草	8000

加工企业生产情况（续）

单位：吨

实际生产量	草捆产量	草块产量	草颗粒产量	草粉产量	其他	出口量	进口量
5000		5000					
2500					2500		
1500	1500						
20000	20000						
10000	10000						
10000	10000						
5000	5000						
1500	1500						
25000	25000						
3500	3500						
3000	3000						
2000	2000						
6000	6000						
490460	326460	160000			4000		
1500	1500						
5000	1000				4000		
6000	6000						
4500	4500						
60	60						
3000	3000						
3150	3150						
1750	1750						
19000	19000						
18000	18000						
17500	17500						
100000	50000	50000					
100000	70000	30000					
100000	70000	30000					
80000	30000	50000					
10000	10000						
8000	8000						

3-31 各地区牧区半牧区草产品

地 区	企业名称	产品牧草种类	生产能力
	黑龙江省肇东市绿韵饲草公司	羊草	8000
	黑龙江省绿都饲草公司	羊草	8000
四 川			28995
	松潘县雪域虹润种养殖有限责任公司	燕麦	650
	阿坝县现代畜牧产业发展有限责任公司	燕麦	635
	麦溪乡兴隆草业农民专业合作社	老芒麦	50
	红原兴牧公司	老芒麦	12000
	会理县吉龙生态种植养殖专业合作社	紫花苜蓿	960
	会理县吉龙生态种植养殖专业合作社	多年生黑麦草	200
	个体加工坊	其他一年生牧草	12500
甘 肃			910841
	兰州腾飞草业科技开发有限公司	燕麦	20000
	永登鹏盛种植养殖专业合作社	燕麦	1600
	甘肃永沃生态农业有限公司	燕麦	10000
	永登益农种植养殖农民专业合作社	燕麦	870
	甘肃金福元草业有限公司	披碱草	1000
	永登县石门岘种植农民专业合作社	燕麦	2000
	甘肃杨柳青牧草饲料开发有限公司	紫花苜蓿	20000
	永昌露源农牧科技有限公司	紫花苜蓿	7000
	甘肃厚生牧草饲料有限公司	紫花苜蓿	10000
	金昌市新漠北养殖农民专业合作社	紫花苜蓿	5400
	甘肃民生牧草饲料有限公司	紫花苜蓿	10000
	甘肃猛犸农业有限公司	紫花苜蓿	5000
	金昌拓农农牧发展有限公司	紫花苜蓿	4500
	永昌县天牧源草业有限公司	紫花苜蓿	4200
	甘肃欣海牧草饲料科技有限公司	紫花苜蓿	3600
	永昌天晟农牧科技发展有限公司	紫花苜蓿	4200
	永昌县嘉禾园农牧科技有限公司	紫花苜蓿	4000
	甘肃金大地种业有限公司	紫花苜蓿	4000
	永昌县珠海草业发展有限公司	紫花苜蓿	3500
	永昌县百合种植专业合作社	紫花苜蓿	3200

加工企业生产情况（续）

单位：吨

实际生产量	草捆产量	草块产量	草颗粒产量	草粉产量	其他	出口量	进口量
8000	8000						
5000	5000						
22916	12570	240		9500	606		
240		240					
520	520						
50	50						
12000	12000						
410					410		
196					196		
9500				9500			
731219	652882	23100	45996	4971	4270	560030	7000
3500	1500				2000	800	
1600	1400				200	1400	
1000	1000					1000	
870	800				70	800	
560	560					280	
300	300					300	
18000	15000		1000	2000		1800	
6811	5800		1000	11		6800	
6000	5000		1000			6000	
5400	5000			400		5000	
5000	4000		1000			5000	
5000	5000					5000	
4500	4500					4500	
4220	4160			60		4100	
4000	3500			500		3000	
4000	4000					4000	
4000	4000					4000	
3840	3840					3840	
3400	3400					3400	
3200	3200					3200	

3-31 各地区牧区半牧区草产品

地　区	企业名称	产品牧草种类	生产能力
	永昌润鸿草业公司	紫花苜蓿	3200
	甘肃方德农业发展有限公司	紫花苜蓿	3100
	润农节水	紫花苜蓿	3000
	永昌县星海养殖合作社	紫花苜蓿	3000
	永昌县金嘉香牧草农民专业合作社	紫花苜蓿	3000
	永昌县佰川草业科技有限公司	紫花苜蓿	3000
	永昌县永生源农民种植合作社	紫花苜蓿	2800
	甘肃首曲生态农业技术有限公司	紫花苜蓿	2800
	金昌恒坤源土地流转农民专业合作社	紫花苜蓿	2560
	永昌牧羊农牧业发展有限公司	紫花苜蓿	2500
	永昌县开源草业合作社	紫花苜蓿	2500
	金昌豪牧草业公司	紫花苜蓿	2500
	永昌翔鹏农牧有限公司	紫花苜蓿	2500
	安泰草业有限公司	紫花苜蓿	2500
	永昌县禄丰草业有限公司	紫花苜蓿	2500
	金昌豪牧草业有限公司	紫花苜蓿	2500
	永昌县牧丰农业科技发展有限公司	紫花苜蓿	2500
	甘肃元生农牧科技有限公司	紫花苜蓿	2500
	永昌县康盛源草业有限公司	紫花苜蓿	2500
	永昌润泓草业有限公司	紫花苜蓿	2500
	永昌县凯达商贸有限公司	紫花苜蓿	2500
	甘肃正道牧草有限公司	紫花苜蓿	2450
	永昌县浩坤草业有限公司	紫花苜蓿	2400
	甘肃绿都农业开发有限公司	紫花苜蓿	6000
	甘肃永康源草业有限公司	紫花苜蓿	3000
	永昌县东寨镇兴农牧田农牧综合专业合作社	紫花苜蓿	2500
	甘肃佰川草业有限公司	紫花苜蓿	2400
	金昌市禾盛茂牧业公司	紫花苜蓿	2500
	永昌县永泽茂牧草饲料有限公司	紫花苜蓿	2400
	永昌县盛鑫种植农民专业合作社	紫花苜蓿	2400
	永昌县鼎业兴种植农民专业合作社	紫花苜蓿	2400

加工企业生产情况（续）

单位：吨

实际生产量	草捆产量	草块产量	草颗粒产量	草粉产量	其他	出口量	进口量
3200	3200					3200	
3100	3100					3100	
3000	3000					3000	
3000	3000					3000	
3000	2500			500		2500	
3000	3000					3000	
2800	2800					2800	
2800	2800					2800	
2560	2560					2500	
2500	2500					2500	
2500	2500					2500	
2500	2500					2500	
2500	2500					2500	
2500	2500					2500	
2500	2500					2500	
2500	2500					2500	
2500	2500					2500	
2500	2500					2500	
2500	2500					2500	
2500	2500					2500	
2500	2500					2500	
2450	2450					2450	
2400	2400					2400	
2400	2400					2400	
2400	2400					2400	
2400	2400					2400	
2400	2400					2400	
2400	2400					2400	
2400	2400					2400	
2400	2400					2400	
2400	2400					2400	

3-31 各地区牧区半牧区草产品

地 区	企业名称	产品牧草种类	生产能力
	甘肃金大地种业有限公司清河牧草种业分公司	紫花苜蓿	2400
	永昌县国华高科生态农业开发有限公司	紫花苜蓿	2400
	永昌县宝光农业科技发展有限公司	紫花苜蓿	2400
	永昌县金色田园农机专业合作社	紫花苜蓿	2400
	甘肃昱顺源农牧科技发展有限公司	紫花苜蓿	2400
	甘肃农垦永昌农场有限公司	紫花苜蓿	1500
	金昌三杰牧草有限公司	紫花苜蓿	1500
	永昌县青谷牧草农民专业合作社	紫花苜蓿	1200
	永昌县红山窑乡琛祥种植农民专业合作社	燕麦	1200
	永昌县新城子镇金丰达农牧农民专业合作社	燕麦	1200
	永昌县新城子镇金沃土种养综合农民专业合作社	燕麦	1200
	永昌天一农资有限公司	紫花苜蓿	1100
	靖远阜丰牧草种植专业合作社	紫花苜蓿	2000
	靖远蓝天种养殖农民专业合作社	紫花苜蓿	1280
	靖远县东方龙元牧草种植农民专业合作社	紫花苜蓿	1110
	靖远万源牧草种植农民专业合作社	紫花苜蓿	1100
	靖远民生高原养殖	紫花苜蓿	1080
	靖远县龙源牧草种植专业合作社	紫花苜蓿	1000
	靖远丰茂牧草种植农民专业合作社	紫花苜蓿	110
	民勤县欣乡原农林牧产销专业合作社	紫花苜蓿	31000
	民勤县兴圣源农业发展有限公司	紫花苜蓿	14000
	民勤县青土红崖生物科技有限公司	紫花苜蓿	12000
	民勤县鑫源草业有限责任公司	紫花苜蓿	10000
	民勤县勤旺农林牧专业合作社	紫花苜蓿	4000
	民勤县天缘农林牧产销专业合作社	紫花苜蓿	3000
	天祝晟达草业有限公司	小黑麦	700
	天祝晟达草业有限公司	燕麦	200
	甘肃藏丰原农牧开发有限公司	燕麦	200
	甘肃藏丰原农牧开发有限公司	小黑麦	140
	张掖众成草业有限公司	紫花苜蓿	5000
	肃南县裕盛农机合作社	紫花苜蓿	4000

加工企业生产情况（续）

单位：吨

实际生产量	草捆产量	草块产量	草颗粒产量	草粉产量	其他	出口量	进口量
2400	2400					2400	
2400	2400					2400	
2400	2400					2400	
2400	2400					2400	
2400	2400					2400	
1500	1500					1500	
1500	1500					1500	
1200	1200					1200	
1200	1200					1200	
1200	1200					1200	
1200	1200					1200	
1100	1100					1100	
2000	2000						
1280	1280					150	
1110	1110					1110	
1100	1100					1100	
1080	1080						
1000	1000					300	
110	110						
31000	20000	1000	10000				
14000	8000	3000	3000				
12000	12000						
10000	10000						
3300	3300						
3000	3000						
660	60		600				
200	60		140				
200	60		140				
140	24		116				
5000	5000						
3565	65	3500					

3–31 各地区牧区半牧区草产品

地 区	企业名称	产品牧草种类	生产能力
	天祥草系产品合作社	紫花苜蓿	4000
	肃南县振兴农机农名合作社	紫花苜蓿	1000
	肃南县尧熬尔畜牧农民专业合作社	紫花苜蓿	1000
	甘肃三宝农业科技发展有限公司	燕麦	50000
	中农发山丹马场有限责任公司	燕麦	40000
	山丹县润牧饲草发展有限责任公司	燕麦	40000
	山丹县天泽农牧科技开发有限责任公司	燕麦	40000
	甘肃中牧山丹马场总场三场	燕麦	40000
	甘肃中牧山丹马场总场一场	燕麦	30000
	山丹县祁连山牧草机械专业合作社	燕麦	20000
	山丹县聚金源农牧有限公司	燕麦	20000
	山丹县润牧饲草发展有限责任公司	紫花苜蓿	28000
	山丹县瑞禾草业有限公司	燕麦	9000
	甘肃山水绿源饲草加工有限公司	燕麦	9000
	山丹县佳牧农牧机械化专业合作社	燕麦	9000
	山丹县雨田农牧有限公司	燕麦	9000
	山丹县嘉牧禾草业有限公司	燕麦	8000
	山丹县云丰农牧专业合作社	燕麦	8000
	山丹县九盛农牧专业合作社	燕麦	8000
	山丹县庆丰收家庭农场	燕麦	6000
	山丹县誉鑫农牧家庭农场	燕麦	6000
	山丹县瑞虎农牧专业合作社	燕麦	6000
	山丹县绿盛金旺农牧业科技发展有限公司	燕麦	5000
	山丹县丰田农牧专业合作社	燕麦	4000
	山丹县华玮种植专业合作社	燕麦	4000
	山丹县国坚家庭农场	燕麦	3200
	甘肃丰实农业科技发展有限公司	燕麦	3000
	甘肃中牧山丹马场总场四场	燕麦	3000
	山丹县昌隆农机专业合作社	燕麦	2500
	甘肃天马正时生态农牧专业合作社	燕麦	2000
	山丹县美佳牧草家庭农场	燕麦	1600

加工企业生产情况（续）

单位：吨

实际生产量	草捆产量	草块产量	草颗粒产量	草粉产量	其他	出口量	进口量
3548	48	3000		500			
1000		1000					
800		800					
50000	50000					50000	
40000	40000					40000	
40000	15000		25000			40000	
40000	40000					40000	
40000	40000					40000	
30000	30000					30000	
20000	20000						
20000	20000					20000	
16000	5000	9000	1000	1000		16000	
9000	9000					9000	
9000	9000					9000	
9000	9000					9000	
9000	9000					11000	2000
8000	8000					8000	
8000	8000					8000	
8000	8000					8000	
6000	6000					6000	
6000	6000					6000	
6000	6000					6000	
5000	5000					5000	
4000	4000					4000	
4000	4000					4000	
3200	3200					3200	
3000	3000					3000	
3000	3000					3000	
2500	2500					2500	
2000	2000					2000	
1600	1600					6600	5000

3-31 各地区牧区半牧区草产品

地 区	企业名称	产品牧草种类	生产能力
	山丹县昌隆农机专业合作社	青贮专用玉米	1500
	山丹县昌隆农机专业合作社	紫花苜蓿	1500
	山丹县钰铭家庭农场	燕麦	5
	瓜州县立林生态农业科技发展有限责任公司	紫花苜蓿	3600
	瓜州县西域牧歌牧草农民专业合作社	紫花苜蓿	3400
	瓜州县济华苜蓿草业农民专业合作社	紫花苜蓿	2300
	瓜州县西域牧歌牧草农民专业合作社	燕麦	2000
	甘肃龙麒生物科技有限公司	紫花苜蓿	1860
	瓜州县裕鑫草业农民专业合作社	紫花苜蓿	680
	瓜州县金绿苑种植农民专业合作社	紫花苜蓿	650
	瓜州县良源种畜禽繁育有限责任公司	燕麦	350
	瓜州县永绿牧草农民专业合作社	紫花苜蓿	336
	瓜州县立林生态农业科技发展有限责任公司	燕麦	320
	瓜州县景绿林牧草农民专业合作社	紫花苜蓿	290
	瓜州县裕鑫草业农民专业合作社	燕麦	260
	瓜州县良源种畜禽繁育有限责任公司	紫花苜蓿	200
	瓜州县济华苜蓿草业农民专业合作社	燕麦	200
	瓜州县金绿苑种植农民专业合作社	燕麦	160
	甘肃龙麒生物科技有限公司	燕麦	130
	肃北县草原风农民专业合作社	紫花苜蓿	500
	肃北蒙古族自治县诚农农民专业合作社	紫花苜蓿	3000
	肃北县丰绪勇峰农民专业合作社	紫花苜蓿	2000
	阿克塞县浩丹饲料牧业有限责任公司	紫花苜蓿	100000
	甘肃荟荣草业有限公司	燕麦	10000
	甘肃荟荣草业有限公司	紫花苜蓿	10000
	环县兴陇草业有限责任公司	紫花苜蓿	1000
	华池县绿野畜牧业开发有限公司	紫花苜蓿	2000
	岷县方正草业开发有限公司	猫尾草	4000
	岷县开顺牧草种植农民专业合作社	猫尾草	4000
	岷县方正草业开发有限公司	红三叶	3000
	岷县绿草种植农民专业合作社	猫尾草	2000

加工企业生产情况（续）

单位：吨

实际生产量	草捆产量	草块产量	草颗粒产量	草粉产量	其他	出口量	进口量
1500	1500					1500	
1500	1500					1500	
5	5						
3600	3600						
3400	3400						
2300	2300						
2000	2000						
1860	1860						
680	680						
650	650						
350	350						
336	336						
320	320						
290	290						
260	260						
200	200						
200	200						
160	160						
130	130						
500	500						
200	200						
200	200						
2000	2000						
4623	4623						
3090	3090						
160	160						
1800		1800					
3000	3000						
3000	3000						
2000					2000		
1700	1700						

3-31 各地区牧区半牧区草产品

地　区	企业名称	产品牧草种类	生产能力
	岷县满青牧草种植农民专业合作社	猫尾草	1000
	合作市恒达农产业农牧民专业合作社	燕麦	6500
青 海			62000
	门源县麻莲草业有限责任公司	燕麦	20000
	门源县富源青高原草业发展有限责任公司	燕麦	10000
	门源马场	披碱草	1000
	同德牧场良种繁殖场	燕麦	10000
	青海现代草业发展有限公司	燕麦	21000
	英德尔羊场	紫花苜蓿	
宁 夏			120660
	盐池县宝发生态农业种植发展有限公司	紫花苜蓿	30000
	盐池县绿海苜蓿产业发展有限公司	紫花苜蓿	40000
	宁夏紫花天地农业有限公司	紫花苜蓿	1500
	盐池县巨峰农业有限公司	紫花苜蓿	2000
	中德海（宁夏）农牧有限公司	紫花苜蓿	2000
	宁夏丰田农牧有限公司	紫花苜蓿	1200
	宁夏金润泽生态草产业有限公司	紫花苜蓿	500
	宁夏丰池农牧有限公司	紫花苜蓿	1500
	宁夏金宇浩源农牧业发展有限公司	紫花苜蓿	1000
	同心县德瑞农林牧科技有限公司	青贮专用玉米	1800
	同心县昊盛饲草种植专业合作社	紫花苜蓿	300
	宁夏绿康源农牧科技有限公司	紫花苜蓿	12000
	海原华润农业有限公司	紫花苜蓿	20000
	宁夏锦彩生态农业科技发展有限公司	紫花苜蓿	4000
	海原县憨农乐种养专业合作社	紫花苜蓿	2500
	海原县兴泰草畜产业合作社	紫花苜蓿	360
新 疆			242000
	田北牧草草料加工厂	紫花苜蓿	2000
	大尾羊公司	紫花苜蓿	90000
	九州农牧业发展有限公司	紫花苜蓿	30000
	润辉种养殖合作社	紫花苜蓿	100000
	吉木乃县新牧康农副产品初加工专业合作社	紫花苜蓿	20000

加工企业生产情况（续）

单位：吨

实际生产量	草捆产量	草块产量	草颗粒产量	草粉产量	其他	出口量	进口量
800	800						
3400	1400		2000				
33990	5650	3020	3560		21760	6993	
13000					13000		
7000					7000		
500	500						
5720	4000	500	320		900		
7770	1150	2520	3240		860	6993	
39700	39450			250			
2500	2500						
2000	2000						
2000	2000						
2000	2000						
1200	1200						
1200	1200						
1000	1000						
1000	1000						
500	500						
1800	1800						
300	300						
11000	11000						
10000	10000						
1850	1700			150			
1100	1000			100			
250	250						
97400	52600	300	20100	100	24300		
2000	1500	300	100	100			
20800	700		8000		12100		
13600	400		1000		12200		
60000	50000		10000				
1000			1000				

七、各地区农闲田面积情况

3-32 各地区农闲田

地 区	农闲田可利用面积					
	合计	冬闲田	夏秋闲田	果园隙地	四边地	其他
全 国	**15256.5**	**7197.7**	**2773.9**	**2472.2**	**1511.5**	**1306.6**
河 北	84.4	69.5	3.8	6.9	2.0	2.2
山 西	79.3	16.3	19.5	34.6	6.5	2.4
吉 林	4.0		0.2		1.8	2.0
江 苏	290.6	122.2	88.2	57.1	10.2	12.9
安 徽	301.7	170.5	40.8	42.9	22.7	25.8
江 西	1352.8	833.4	210.0	128.7	95.6	85.1
山 东	387.2	283.2	9.9	60.3	26.3	7.5
河 南	213.4	92.6	9.9	75.1	17.6	18.2
湖 北	794.4	434.6	103.6	114.5	102.8	38.8
湖 南	2811.4	1423.4	520.9	405.7	208.19	253.3
广 东	585.8	328.2	49.6	97.5	52.5	58.0
广 西	890.0	493.0	60.1	171.4	76.5	89.1
海 南	222.9	88.7	90.6	24.0	14.4	5.2
重 庆	1033.5	560.1	122.2	192.4	99.2	59.6
四 川	2257.2	965.5	368.8	405.3	329.3	188.2
贵 州	997.7	486.0	199.5	123.1	74.9	114.2
云 南	1618.8	570.8	320.2	286.6	227.8	215.4
陕 西	494.1	107.1	141.9	124.0	74.4	46.7
甘 肃	586.8	137.0	253.6	77.2	55.3	66.1
青 海	59.4	6.0	34.0	0.5	7.5	11.4
宁 夏	75.2		70.7	1.2	0.4	2.9
新 疆	62.2		23.3	33.9	3.6	1.4
兵 团	53.7	9.6	32.5	9.1	2.0	0.4

面积情况

单位：万亩

农闲田已利用面积					
合计	冬闲田	夏秋闲田	果园隙地	四边地	其他
1608.5	**698.1**	**363.1**	**234.8**	**156.9**	**155.5**
1.5		1.5			
4.0		0.8	1.5	0.1	1.7
1.5				1.5	
11.3	2.5	3.8	1.7	2.3	1.0
17.7	10.3	5.1	1.5	0.3	0.5
90.0	66.2	5.9	6.3	7.0	4.7
0.2			0.1	0.1	0.1
3.5	.	1.6	0.3	0.2	0.7
118.7	66.8	16.0	15.7	12.5	7.8
45.5	25.4	3.2	5.5	6.8	4.6
19.9	13.9	0.7	2.5	2.1	0.7
31.2	14.6	0.4	7.4	5.0	3.8
4.3	1.3	1.2	1.2	0.1	0.5
45.0	15.6	13.0	8.1	5.7	2.5
496.8	226.6	84.4	76.7	58.6	50.6
196.6	119.6	24.4	17.6	3.6	31.4
203.3	113.8	39.3	17.1	14.2	18.9
88.2	11.3	33.0	24.1	15.3	4.5
121.0	7.7	65.0	20.6	14.0	13.7
31.4	1.5	21.4	0.1	2.2	6.2
27.5		25.8	0.5		1.3
29.2		2.9	22.9	3.3	0.1
20.3	0.2	14.1	3.5	2.0	0.4

八、各地区分种类农闲田种草情况

3-33 各地区分种类农闲田种草情况

单位：万亩

地区	牧草种类	合计	冬闲田	夏秋闲田	果园隙地	四边地	其他
总计		**1608.45**	**698.15**	**363.13**	**234.84**	**156.92**	**155.46**
河北		1.46		1.46			
	紫花苜蓿	1.46		1.46			
山西		4.04		0.76	1.47	0.11	1.70
	其他一年生牧草	0.60		0.30	0.10	0.10	0.10
	青贮专用玉米	0.25		0.25			
	苏丹草	1.00			1.00		
	燕麦	1.60					1.60
	紫花苜蓿	0.59		0.21	0.37	0.01	
吉林		1.45				1.45	
	白三叶	1.45				1.45	
江苏		11.29	2.47	3.80	1.73	2.28	1.03
	白三叶	0.16	0.01		0.11	0.03	0.01
	冬牧 70 黑麦	0.60	0.36	0.01	0.14	0.08	0.01
	多花黑麦草	4.78	1.78	0.69	1.02	1.25	0.03
	多年生黑麦草	0.30			0.05	0.10	0.15
	菊苣	0.01	0.01				
	狼尾草	0.02				0.02	
	墨西哥类玉米	0.16		0.06		0.09	0.01
	其他多年生牧草	0.01				0.01	
	其他一年生牧草	0.32		0.31		0.01	
	青贮青饲高粱	2.000	0.20	1.40			0.40
	青贮专用玉米	0.95		0.90			0.05
	饲用块根块茎作物	0.64	0.02	0.10		0.42	0.10
	苏丹草	0.70		0.32	0.15	0.23	
	紫花苜蓿	0.65	0.09		0.26	0.04	0.26
安徽		17.70	10.33	5.11	1.50	0.28	0.48
	白三叶	1.00		1.00			

3-33　各地区分种类农闲田种草情况（续）

单位：万亩

地　区	牧草种类	合计	冬闲田	夏秋闲田	果园隙地	四边地	其他
	多花黑麦草	8.85	8.49	0.05	0.10	0.04	0.17
	菊苣	0.06	0.04	0.01		0.01	0.01
	墨西哥类玉米	0.70		0.70			
	其他一年生牧草	2.50	1.50		1.00		
	青贮青饲高粱	1.30		1.30			
	青贮专用玉米	2.59	0.03	2.04	0.20	0.12	0.20
	饲用块根块茎作物	0.20			0.10	0.10	
	苏丹草	0.26	0.05	0.01	0.10	0.01	0.10
	紫云英（非绿肥）	0.24	0.22	0.01	0.01	0.01	
江　西		89.97	66.16	5.85	6.30	6.96	4.70
	多花黑麦草	67.82	57.43		2.41	4.75	3.23
	菊苣	0.13				0.13	
	苦荬菜	0.04			0.02	0.02	
	狼尾草	1.68			0.70	0.88	0.10
	毛苕子（非绿肥）	0.25	0.15				0.10
	墨西哥类玉米	1.53			1.43	0.10	
	其他一年生牧草	1.05		0.30	0.30		0.45
	青贮青饲高粱	3.68		2.83	0.45	0.23	0.17
	青贮专用玉米	2.48		1.76	0.20	0.08	0.44
	饲用块根块茎作物	0.04			0.02	0.02	
	苏丹草	2.27		0.68	0.66	0.72	0.21
	籽粒苋	0.20		0.20			
	紫云英（非绿肥）	8.82	8.59	0.08	0.11	0.04	
山　东		0.24	0.04		0.06	0.09	0.05
	青贮专用玉米	0.04	0.04				
	紫花苜蓿	0.20			0.06	0.09	0.05
河　南		3.45	0.73	1.55	0.27	0.20	0.70
	白三叶	0.06			0.03	0.03	
	大麦	0.70	0.70				
	狗尾草	0.06	0.02	0.03	0.01		
	墨西哥类玉米	0.72		0.72			

3-33 各地区分种类农闲田种草情况（续）

单位：万亩

地 区	牧草种类	合计	冬闲田	夏秋闲田	果园隙地	四边地	其他
	其他一年生牧草	1.00		0.55	0.20	0.13	0.12
	青贮专用玉米	0.16		0.14		0.02	
	小黑麦	0.11	0.01	0.10			
	紫花苜蓿	0.65		0.02	0.03	0.03	0.58
湖 北		118.68	66.81	15.98	15.68	12.46	7.76
	白三叶	3.06	1.28	0.27	0.37	0.72	0.42
	冰草						
	大麦	1.88	0.97	0.30	0.06	0.50	0.05
	冬牧 70 黑麦	3.63	2.71	0.80		0.12	
	多花黑麦草	31.25	18.15	3.57	4.86	2.44	2.23
	多花木兰	7.00	3.00		2.00	2.00	
	多年生黑麦草	5.78	2.87	1.62	0.32	0.59	0.39
	狗尾草	0.05		0.02	0.01	0.02	0.01
	虎尾草	0.16	0.08	0.06			0.02
	菊苣						
	苦荬菜						
	狼尾草	0.82	0.22	0.25	0.09	0.08	0.18
	毛苕子（非绿肥）	0.10		0.10			
	墨西哥类玉米	6.88	2.60	2.07	0.50	0.71	1.00
	木本蛋白饲料	0.80	0.40	0.20	0.10	0.10	
	其他多年生牧草	1.10	0.10	0.10		0.80	0.10
	其他一年生牧草	10.36	6.22	1.56	1.72	0.86	
	青贮青饲高粱	0.01					0.01
	青贮专用玉米	5.59	1.77	3.35	0.47		
	沙蒿						
	饲用块根块茎作物	0.40					0.40
	苏丹草	19.10	17.35	0.72	0.38	0.50	0.15
	小黑麦	0.42	0.34	0.08			
	鸭茅	0.03	0.03				
	紫花苜蓿	9.52	2.80	0.10	3.80	2.02	0.80
	紫云英（非绿肥）	10.73	5.93	0.80	1.00	1.00	2.00

3-33　各地区分种类农闲田种草情况（续）

单位：万亩

地　区	牧草种类	合计	冬闲田	夏秋闲田	果园隙地	四边地	其他
湖　南		45.54	25.43	3.24	5.47	6.84	4.55
	冬牧 70 黑麦	4.53	2.20	0.01	0.20	2.02	0.10
	多花黑麦草	9.03	6.87	0.07	1.17	0.56	0.37
	多年生黑麦草	0.32	0.05	0.01		0.01	0.25
	狗尾草	2.00	0.20	0.40	0.60	0.20	0.60
	毛苕子（非绿肥）	0.03	0.03				
	墨西哥类玉米	2.07		1.02	0.71	0.33	0.01
	其他一年生牧草	0.79	0.52	0.03	0.04	0.10	0.10
	青贮青饲高粱	3.50	3.00		0.50		
	青贮专用玉米	3.67	0.50	1.07		1.00	1.10
	苏丹草	0.68	0.01	0.14	0.03	0.30	0.20
	小黑麦	2.00	0.50		0.50		1.00
	燕麦	0.14	0.14				
	紫花苜蓿	0.55				0.50	0.05
	紫云英（非绿肥）	16.24	11.42	0.49	1.72	1.83	0.78
广　东		19.93	13.92	0.72	2.54	2.09	0.66
	冬牧 70 黑麦	3.79	3.27		0.51	0.01	
	多花黑麦草	10.70	9.49		0.54	0.37	0.30
	多年生黑麦草	0.22	0.20		0.02		
	狼尾草	3.33	0.04	0.40	1.09	1.46	0.34
	墨西哥类玉米	1.16	0.33	0.32	0.31	0.20	
	其他多年生牧草	0.08	0.02		0.03	0.02	0.01
	其他一年生牧草	0.02			0.01		0.01
	小黑麦	0.06	0.06				
	柱花草	0.07			0.04	0.03	
	紫云英（非绿肥）	0.51	0.51				
广　西		31.18	14.56	0.38	7.37	5.03	3.84
	冬牧 70 黑麦	0.46	0.16		0.20	0.10	
	多花黑麦草	13.59	12.93		0.23	0.41	0.02
	多年生黑麦草	1.34	0.35		0.97	0.01	0.01
	狗尾草	1.08			0.48	0.60	

3-33 各地区分种类农闲田种草情况（续）

单位：万亩

地 区	牧草种类	合计	冬闲田	夏秋闲田	果园隙地	四边地	其他
	菊苣	0.02			0.01		0.01
	苦荬菜	0.01					0.01
	狼尾草	9.18	0.18		4.57	3.31	1.12
	毛苕子（非绿肥）	0.36	0.19	0.17			
	墨西哥类玉米	0.64		0.11		0.18	0.35
	木豆	0.51			0.21		0.30
	其他多年生牧草	0.63			0.19	0.26	0.18
	其他一年生牧草	0.01				0.01	
	青贮专用玉米	1.90		0.10			1.80
	饲用青稞						
	小黑麦	0.70	0.64		0.04		0.02
	银合欢	0.30			0.20	0.10	
	圆叶决明	0.11			0.05	0.05	0.01
	柱花草	0.03			0.03		
	紫花苜蓿	0.21			0.20		0.01
	紫云英（非绿肥）	0.11	0.11				
海 南		4.34	1.30	1.20	1.19	0.12	0.53
	其他多年生牧草	4.34	1.30	1.20	1.19	0.12	0.53
重 庆		45.02	15.65	13.02	8.13	5.72	2.50
	白三叶	1.60			1.29	0.25	0.06
	串叶松香草	0.37				0.36	0.01
	大麦	0.02	0.02				
	冬牧 70 黑麦	0.46	0.40		0.04	0.02	
	多花黑麦草	17.85	9.48	3.16	2.21	1.60	1.39
	多年生黑麦草	0.31			0.19	0.06	0.06
	红三叶	0.09			0.04	0.05	
	菊苣	1.64			1.60	0.04	
	聚合草	0.54			0.08	0.12	0.34
	狼尾草	0.13				0.11	0.02
	墨西哥类玉米	0.25		0.23		0.01	0.01
	牛鞭草	0.34			0.27	0.07	

3-33　各地区分种类农闲田种草情况（续）

单位：万亩

地　区	牧草种类	合计	冬闲田	夏秋闲田	果园隙地	四边地	其他
	其他多年生牧草	0.04				0.03	0.01
	其他一年生牧草	0.58		0.44	0.01	0.12	0.01
	青贮青饲高粱	1.88		1.65	0.02	0.13	0.08
	青贮专用玉米	4.74		3.30		1.17	0.27
	饲用甘蓝	1.46	1.10	0.30		0.06	
	饲用块根块茎作物	9.28	4.26	3.80	1.22		
	苏丹草	0.19		0.10		0.09	
	小黑麦	0.78	0.08	0.01	0.37	0.18	0.14
	鸭茅	0.05			0.05		
	燕麦	0.55	0.30			0.25	
	紫花苜蓿	1.84			0.74	0.99	0.10
	紫云英（非绿肥）	0.03		0.03			
四　川		496.80	226.64	84.40	76.66	58.58	50.55
	白三叶	5.25	0.43	1.27	2.09	0.39	1.07
	大麦	1.40	0.98	0.40	0.01	0.01	
	冬牧 70 黑麦	15.35	15.35				
	多花黑麦草	144.65	45.56	15.36	40.01	27.75	15.96
	多年生黑麦草	40.74	7.96	8.67	8.61	6.19	9.34
	狗尾草	0.82	0.56			0.17	0.09
	红三叶	0.08			0.08		
	箭筈豌豆	4.33	4.30			0.02	0.01
	菊苣	2.54	0.22	1.13	0.71	0.20	0.29
	聚合草	0.01	0.01				
	苦荬菜	1.24	0.60	0.40	0.10	0.10	0.05
	狼尾草	2.04				1.90	0.14
	老芒麦	1.49	0.81	0.04	0.62	0.02	
	毛苕子（非绿肥）	64.05	15.61	19.30	8.31	3.80	17.03
	墨西哥类玉米	1.72	0.12	1.09	0.21	0.05	0.25
	木本蛋白饲料	6.67	2.95	3.12		0.60	
	牛鞭草	4.45	1.77	0.10	1.07	1.11	0.41
	披碱草	0.30			0.30		

3-33 各地区分种类农闲田种草情况（续）

单位：万亩

地 区	牧草种类	合计	冬闲田	夏秋闲田	果园隙地	四边地	其他
	其他多年生牧草	8.38	5.28	0.24	0.74	2.08	0.03
	其他一年生牧草	114.12	100.44	5.12	2.90	3.48	2.20
	青贮青饲高粱	0.85		0.58		0.25	0.03
	青贮专用玉米	30.36	2.00	21.14	0.21	6.11	0.91
	饲用甘蓝	2.00	2.00				
	饲用块根块茎作物	22.33	8.87	5.41	5.17	2.22	0.66
	苏丹草	1.01	0.02	0.60	0.20	0.05	0.15
	苇状羊茅	0.04		0.02		0.02	
	小黑麦	10.26	10.18		0.05	0.03	
	鸭茅	2.03		0.06	1.91	0.05	0.01
	燕麦	0.54	0.20	0.06	0.25		0.03
	杂交酸模						
	籽粒苋	0.50	0.11	0.09	0.05	0.25	0.01
	紫花苜蓿	7.25	0.32	0.23	3.06	1.72	1.92
	紫云英（非绿肥）	0.02			0.02		
贵 州		196.58	119.56	24.37	17.60	3.65	31.41
	白三叶	4.60	0.73	0.01	1.59	0.75	1.53
	大麦	1.36	1.36				
	冬牧 70 黑麦	12.13	6.80	0.50	1.90	1.10	1.83
	多花黑麦草	64.17	56.65	0.25	3.53	0.53	3.21
	多年生黑麦草	10.21	4.05	2.23	0.21	0.11	3.61
	箭筈豌豆	8.20	5.70		0.50		2.00
	菊苣	0.58	0.08	0.18	0.01		0.31
	狼尾草	2.77	0.05	0.66		0.16	1.90
	毛苕子（非绿肥）	0.35	0.14			0.01	0.20
	墨西哥类玉米	0.90	0.30				0.60
	牛鞭草	0.74					0.74
	其他多年生牧草	4.12	1.44	0.32	0.18	0.33	1.85
	其他一年生牧草	12.43	6.81	1.13	3.31	0.36	0.82
	青贮青饲高粱	4.66		0.74			3.92
	青贮专用玉米	11.62	0.50	8.29			2.83
	雀稗	0.60	0.20			0.30	0.10

3-33　各地区分种类农闲田种草情况（续）

单位：万亩

地　区	牧草种类	合计	冬闲田	夏秋闲田	果园隙地	四边地	其他
	饲用甘蓝	6.00	6.00				
	饲用块根块茎作物	0.50	0.50				
	苏丹草	0.20					0.20
	苇状羊茅	0.20					0.20
	鸭茅	2.37			0.37		2.00
	燕麦	5.04	5.04				
	紫花苜蓿	40.98	21.39	10.05	6.00		3.54
	紫云英（非绿肥）	1.83	1.81				0.02
云　南		203.25	113.83	39.27	17.10	14.20	18.85
	大麦	13.52	13.52				
	冬牧 70 黑麦	0.25	0.25				
	多花黑麦草	85.06	51.08	8.46	10.88	7.74	6.90
	多年生黑麦草	1.95	0.35	0.10	0.93	0.16	0.41
	狗尾草	0.30	0.10	0.10		0.10	
	狗牙根	0.02					0.02
	箭筈豌豆	0.36	0.26		0.10		
	菊苣	0.20			0.10		0.10
	毛苕子（非绿肥）	43.14	30.78	5.08	0.24	2.84	4.20
	其他多年生牧草	1.46	0.67	0.17	0.06	0.53	0.03
	其他一年生牧草	17.11	7.43	2.34	3.96	0.57	2.82
	旗草	0.03			0.01	0.01	0.01
	青贮青饲高粱	0.53		0.53			
	青贮专用玉米	21.92	1.97	15.27	0.59	1.32	2.78
	饲用块根块茎作物	7.96	3.34	2.30		0.82	1.50
	饲用青稞	1.20	1.20				
	小黑麦	3.50	1.05	2.43	0.02		0.01
	燕麦	4.34	1.84	2.50			
	紫花苜蓿	0.40			0.21	0.11	0.08
陕　西		88.23	11.29	32.95	24.11	15.35	4.54
	白三叶	13.27			12.35	0.92	
	冬牧 70 黑麦	2.74	1.29	0.20	0.85	0.25	0.15
	多花黑麦草	0.53	0.02		0.50	0,01	

3-33 各地区分种类农闲田种草情况（续）

单位：万亩

地　区	牧草种类	合计	冬闲田	夏秋闲田	果园隙地	四边地	其他
	多年生黑麦草	1.67	0.98	0.02	0.58	0.09	
	狗尾草	0.71			0.55		0.16
	红三叶	0.20			0.20		
	菊苣	0.15				0.15	
	聚合草	0.11			0.06	0.05	
	毛苕子（非绿肥）	1.60	0.93		0.37	0.20	0.10
	其他多年生牧草	0.23	0.10		0.05	0.01	0.07
	其他一年生牧草	5.02	1.00	1.50	0.51	1.51	0.50
	青贮青饲高粱	0.55		0.21		0.19	0.15
	青贮专用玉米	19.92		19.72		0.20	
	沙打旺	10.13		2.00	1.00	7.00	0.13
	饲用块根块茎作物	2.32		1.80		0.20	0.32
	燕麦	1.35	0.15	0.20			1.00
	紫花苜蓿	27.72	6.82	7.30	7.08	4.56	1.96
	紫云英（非绿肥）	0.01	0.01				
甘　肃		121.02	7.74	64.98	20.60	14.00	13.70
	冰草	0.24		0.10	0.02	0.02	0.10
	草谷子	1.21		1.20			0.01
	草木樨	2.00		2.00			
	大麦	1.25		0.30	0.33	0.32	0.30
	冬牧 70 黑麦	3.00	3.00				
	红豆草	0.71		0.30	0.20	0.01	0.20
	箭筈豌豆	6.64	0.50	4.62	0.54	0.58	0.40
	毛苕子（非绿肥）	2.10		1.80		0.30	
	柠条	0.40		0.20		0.10	0.10
	其他多年生牧草	1.07		0.50	0.40	0.02	0.15
	其他一年生牧草	2.03		1.95	0.01	0.02	0.05
	青贮青饲高粱	0.97		0.50	0.10	0.23	0.14
	青贮专用玉米	11.80		10.50	0.10	0.15	1.05
	饲用块根块茎作物	5.02	0.24	4.07	0.32	0.39	
	苏丹草	0.75		0.25	0.10	0.10	0.30
	燕麦	12.65		10.49	0.30	1.56	0.30

3-33 各地区分种类农闲田种草情况（续）

单位：万亩

地区	牧草种类	合计	冬闲田	夏秋闲田	果园隙地	四边地	其他
	紫花苜蓿	69.18	4.00	26.20	18.18	10.20	10.60
青海		31.35	1.50	21.40	0.10	2.20	6.15
	箭筈豌豆	1.80	1.50	0.20	0.10		
	披碱草	1.50		1.50			
	其他一年生牧草	5.00		4.10		0.10	0.80
	青贮专用玉米	3.00		1.50			1.50
	饲用块根块茎作物	0.30		0.20			0.10
	饲用青稞	0.50		0.20			0.30
	燕麦	18.75		13.20		2.10	3.45
	紫花苜蓿	0.50		0.50			
宁夏		27.53		25.75	0.52		1.26
	草谷子	0.76					0.76
	冬牧 70 黑麦	3.79		3.78	0.02		
	青贮专用玉米	6.10		6.10			
	苏丹草	8.00		8.00			
	燕麦	5.50		4.50	0.50		0.50
	紫花苜蓿	3.37		3.37			
新疆		29.17		2.85	22.94	3.28	0.10
	草木樨	3.50			3.50		
	大麦	0.48		0.48			
	红豆草	0.23		0.23			
	其他多年生牧草	1.58			0.50	1.08	
	青贮专用玉米	1.15		0.45	0.50	0.10	0.10
	饲用块根块茎作物	14.94			14.94		
	紫花苜蓿	7.29		1.69	3.50	2.10	
新疆兵团		20.25	0.20	14.10	3.52	2.04	0.40
	狗尾草	1.75		1.75			
	红豆草	0.33		0.30	0.03		
	披碱草	0.65	0.20		0.45		
	其他一年生牧草	0.40					0.40
	青贮专用玉米	14.35		12.05	0.93	1.37	
	紫花苜蓿	2.78			2.11	0.67	

九、各地区牧草种质资源保存情况

3-34 各地区牧草种质

承担单位	收集评						
	总计	栽培			野生		
		小计	一年	多年	小计	一年	多年
新疆维吾尔自治区草原总站	139	16	10	6	117	24	93
甘肃农业大学	125				125		125
内蒙古自治区草原工作站	150	60		60	90		90
江苏省农业科学院畜牧研究所	95				65	35	30
四川省草原工作总站	120	25	15	10	95	20	75
青海省畜牧兽医科学院草原研究所	132				132		132
湖北省农业科学院畜牧兽医研究所	125				125	40	85
中国农业科学院北京畜牧兽医研究所	180	20	20		160		160
中国农业科学院北京畜牧兽医研究所（俄罗斯项目）	400				400		400
中国农业科学院草原研究所	260				160		160
中国热带农业科学院热带作物品种资源研究所	180	10		10	150		150
西藏自治区畜牧总站	110	70	40	30	40		40
吉林省草原管理总站	106				106	30	76
内蒙古农业大学	20				10		10
山西省农业科学院畜牧兽医研究所							
国家草种质资源库							
中国科学院植物研究所	60				60		60
北京林业大学	60				60		60
黑龙江省农科院草业研究所	60				60		60
中国农业大学							
总　计	2322	361	85	276	1795	149	1646

资源保存情况

单位：份

价入库						鉴定评价	品质分析	无性及特殊材料保存	繁殖更新	生活力监测	复检入库
引　进			兼用	珍稀濒危	特有						
小计	一年	多年									
6		6									
						50		19			
								1			
30	30					150		50			
						30		136			
						50					
						90		30			
						150	50	30			
						50	80				
			100					11		200	
20		20				100		396	27		
				5	5						
									100		
										2000	2322
						100					
							100				
56	30	26	100	5	5	770	230	673	127	2200	2322

十、2017年全国草品种审定委员会审定通过草品种名录

3-35　2017年全国草品种审定

序号	科	属	种	品种名称	登记号	品种类别
1	豆科	苜蓿属	紫花苜蓿	阿迪娜（Adrenalin）	511	引进品种
2	豆科	苜蓿属	紫花苜蓿	东苜 2 号	512	育成品种
3	豆科	苜蓿属	紫花苜蓿	康赛（Concept）	513	引进品种
4	豆科	苜蓿属	紫花苜蓿	赛迪 7 号（Sardi7）	514	引进品种
5	豆科	苜蓿属	紫花苜蓿	沃苜 1 号	515	育成品种
6	豆科	苜蓿属	紫花苜蓿	东农 1 号	516	育成品种
7	豆科	苜蓿属	紫花苜蓿	甘农 9 号	517	育成品种
8	豆科	苜蓿属	紫花苜蓿	WL168HQ	518	引进品种
9	豆科	苜蓿属	紫花苜蓿	中兰 2 号	519	育成品种
10	豆科	苜蓿属	紫花苜蓿	玛格纳 601（Magna601）	520	引进品种
11	豆科	苜蓿属	紫花苜蓿	中苜 8 号	521	育成品种

委员会审定通过草品种名录

申报单位	申报者	适宜区域
北京佰青源畜牧业科技发展有限公司、甘肃省草原技术推广总站	钱莉莉、房丽宁、韩天虎、向金城、李继伟	适宜在北京、兰州、太原等地及气候相似的温带区域种植
东北师范大学	李志坚、穆春生、周帮伟、巴雷、王俊锋	适宜在吉林、黑龙江及气候相似地区种植
北京佰青源畜牧业科技发展有限公司、黑龙江省草原工作站	钱莉莉、房丽宁、刘昭明、刘东华、滕晓杰	适宜在我国华北及西北东部地区种植
北京草业与环境研究发展中心、百绿（天津）国际草业有限公司	孟林、毛培春、周思龙、郜建辉、田小霞	适宜在我国河北、河南、四川、云南等地种植
克劳沃（北京）生态科技有限公司	刘自学、苏爱莲、侯湃、王圣乾、丁旺	适宜在华北大部分、西北部分地区种植
东北农业大学	崔国文、殷秀杰、胡国富、张攀、秦立刚	适宜在东北三省及内蒙古东部地区种植
甘肃农业大学	胡桂馨、师尚礼、景康康、寇江涛、贺春贵	适宜在我国北方温暖干旱半干旱灌区和半湿润地区种植
北京正道生态科技有限公司	邵进翚、李鸿强、齐丽娜、赵利、朱雷	适宜在吉林、辽宁和内蒙古中部种植
中国农业科学院兰州畜牧与兽药研究所、甘肃农业大学	李锦华、师尚礼、田福平、何振刚、刘彦江	适宜在黄土高原半湿润区以及北方降水量大于320mm的区域及类似地区种植
克劳沃（北京）生态科技有限公司、秋实草业有限公司	苏爱莲、徐智明、李晓光、徐瑞轩、刘艺杉	适宜在我国西南、华东和长江流域等地区种植
中国农业科学院北京畜牧兽医研究所	李聪	适宜在黄淮海盐碱地或华北、华东气候相似地区种植

3-35 2017年全国草品种审定

序号	科	属	种	品种名称	登记号	品种类别
12	豆科	黄耆属	紫云英	升钟	522	地方品种
13	菊科	翅果菊属	翅果菊	滇西	523	地方品种
14	禾本科	鸭茅属	鸭茅	滇中	524	野生栽培品种
15	禾本科	羊茅黑麦草属	羊茅黑麦草	劳发（lofa）	525	引进品种
16	豆科	葛属	须弥葛	滇西	526	野生栽培品种
17	禾本科	披碱草属	垂穗披碱草	康北	527	野生栽培品种
18	禾本科	狗牙根属	狗牙根	关中	528	野生栽培品种
19	禾本科	狗牙根属	狗牙根	川西	529	野生栽培品种
20	白花丹科	补血草属	二色补血草	大青山	530	野生栽培品种
21	豆科	三叶草属	红三叶	甘红 1 号	531	育成品种
22	禾本科	鹅观草属	鹅观草	川引	532	野生栽培品种
23	禾本科	猫尾草属	猫尾草	川西	533	野生栽培品种

委员会审定通过草品种名录（续）

申报单位	申报者	适宜区域
四川省农业科学院土壤肥料研究所、四川省农业科学院	朱永群、林超文、许文志、黄晶晶、彭建华	适宜在长江流域及以南地区种植
云南省草地动物科学研究院	钟声、罗在仁、黄梅芬、欧阳青、李世平	适宜在我国亚热带中低海拔气候区种植
云南省草地动物科学研究院	黄梅芬、钟声、余梅、徐驰、薛世明	适宜云贵高原或长江以南中高海拔温带至北亚热带地区种植
四川农业大学、四川省林丰园林建设工程有限公司	黄琳凯、张新全、李鸿祥、高燕蓉、蒋林峰	适宜在西南温凉湿润地区及气候相似地区种植
云南省草地动物科学研究院	钟声、薛世明、余梅、匡崇义、袁福锦	适宜在云南南部及我国南方亚热带地区种植
四川农业大学、西南民族大学、甘孜藏族自治州畜牧业科学研究所、四川省林丰园林建设工程有限公司	张新全、陈仕勇、马啸、蒋忠荣、周凯	适宜在我国青藏高原东南缘年降雨量 400mm 以上的地区种植
江苏省中国科学院植物研究所	刘建秀、郭海林、宗俊勤、陈静波、汪毅	适宜在京津冀平原及以南地区用于草坪建植
四川农业大学、成都时代创绿园艺有限公司	彭燕、刘伟、凌瑶、李州、徐杰	适宜在我国西南地区及长江中下游中低山、丘陵、平原地区用于草坪建植
内蒙古蒙草生态环境（集团）股份有限公司	王召明、崔海鹏、高秀梅、田志来、刘思泱	适宜在我国北方寒冷、干旱、半干旱地区用于城乡绿化和环境建设
甘肃农业大学	赵桂琴、柴继宽、曾亮、刘欢、尹国丽	适宜在西北冷凉地区、云贵高原及西南山地、丘陵地区种植
四川农业大学	张海琴、周永红、沙莉娜、王益、马啸	适宜在我国长江流域海拔 2500m 以下的丘陵、山地种植
四川省草原工作总站、甘孜藏族自治州草原工作站	张瑞珍、何光武、马涛、陈艳宇、苏生禹	适宜在我国海拔 1500-3500m，年降水量 500mm 以上地区种植

第四部分

草原生物灾害统计

4-1　2017年全国草原鼠害

省（区）	危害情况（万亩）	防治情况								
		合计	当年防治面积							
			小计	化学防治	生物防治					
					C型肉毒素	D型肉毒素	雷公藤	莪术醇	招鹰控鼠	野化狐狸控鼠
合计	**42669**	**11197**	**6676**	**910**	**2350**	**1494**	**253**	**302**	**1520**	**222**
河北	385	302	296	23	110	90			16	27
山西	595	203	203		141	10	22	10	20	
内蒙	5901	1706	1533	396	636	168			11	
辽宁	421	264	260	7	3	220	10		20	
吉林	301	193	183					180		
黑龙江	288	182				39	2	112		
四川	4074	576	415	70	356	91			35	
西藏	4500	3009	1650	240	260				1150	
陕西	710	207		10	59	36	36		51	
甘肃	5161	827	654		239	315	60			
青海	12339	1285	832		525	305	2			
宁夏	415	260	240				80			160
新疆	7204	1997	391		21	137	41		135	35
兵团	375	186	19	164		83			82	

发生防治情况

（万亩）					防治投入					
（万亩）		持续控制面积（万亩）								
地芬诺酯·硫酸钡	物理防治	小计	招鹰灭鼠	野化狐狸	技术人员人·天)	出工（人·天）	飞机（架·次）	防治器械（台套·天）	车辆（辆·天）	备注
13	**2313**	**4404**	**2057**	**1342**	**24196**	**386807**	**132**	**276275**	**21012**	
	30	7	5	2	1297	18072		3372	2212	
		2	2		977	9999		4973	766	
13	311	173	110	63	7939	97574		59432	5919	
	4	42	42		1011	14203		8204	1620	
	3	10	10		212	3900		315	225	
	29				418	946			440	
	24				832	60902		13	901	
	1359	1359		354	354	2072		243	45	
	15	222	152	70	462	6062		5827	249	
	40	173	173		903	112562		157210	1802	
	453				6011	31336		19640	3973	
	20	810		810	379	6550		1002	342	
	22	1606	1563	43	2971	18749	132	15395	2146	
	3				430	3880		649	372	

4-2 2017年全国草原虫害

省（区）	危害情况（万亩）	防治情况										
		合计	化学防治	生物防治								
				小计	招引椋鸟	牧鸡	牧鸭	苦参碱	烟碱·苦参碱	绿僵菌	印楝素	阿维菌素
合计	**19440**	**6573**	**1547**	**4726**	**707**	**698**	**22**	**2039**	**490**	**208**	**274**	**199**
河北	497	331	148	180		25		13	11	11	5	84
山西	437	128	51	77		12		53	8	4		
内蒙古	7356	2475	648	1822		121	7	1316	279	25	56	
辽宁	433	206	72	133		32	1		53	2		
吉林	190	108		108		4		105				
黑龙江	320	163	2			13		148				
四川	1192	358	149	202				84			17	
西藏	281	100	25					75				
陕西	221	58	17	41				15	16	3		7
甘肃	1839	450	200	250		13		69	78	76	5	
青海	1638	305		305				107	45	16	15	
宁夏	510	220	17	155						46		108
新疆	4204	1506	124	1382	670	469	14	54		25	151	
兵团	322	165	94	71	37	9					25	

发生防治情况

（万亩）					防治投入						备注
（万亩）				物理防治	技术人员（人）	出工（人·天）	飞机（架·次）	大型喷雾器（台套·天）	中小型喷雾器（台套·天）	车辆（辆天）	
短稳杆菌	蛇床子素	阿维·苏	微孢子虫								
70	**50**	**77**	**18**	**94**	**28335**	**216103**	**2199**	**16027**	**113247**	**31693**	
		31		2	2578	39773		100	15840	4033	
					1415	11432			8355	1762	
17			2	4	7330	56976	2053	4721	19887	10016	
		46			1475	17351		80	9476	1101	
					514	6175			1646	796	
					374	2216		3	920	448	
11					1372	6932		9	4061	756	
				16	6013						
					381	2857			2547	399	
	10		1		377	44500		1375	43000	513	
42	40		15	25		476		8325	721	4913	
				47	703	6555		277	2882	1978	
					5278	18743	125	1009	2827	4423	
					525	2117	21	128	1085	555	

附　　录

附录一 主要指标解释

（一）草原保护建设情况表

1. 草原总面积指天然草原与人工草地面积之和。

2. 可利用草原面积：从草原面积中扣除难以在图上勾画和量算的居民点、道路、裸地、小溪等后剩余的草地面积。实际计算中，各地依据具体情况由草地面积乘以可利用面积系数求得。

3. 基本草原面积：行政区域内各类基本草原面积之和。基本草原包括：重要放牧场；割草地；用于畜牧业生产的人工草地、退耕还草地以及改良草地、草种基地；对调节气候、涵养水源、保持水土、防风固沙具有特殊作用的草原；作为国家重点保护野生动植物生存环境的草原；草原科研、教学试验基地；国务院规定应当划为基本草原的其他草原。

4. 改良草地面积：指在天然草地上，在不破坏原有植被的条件下，通过撒种、补播或进行灌溉、松土、施肥、围栏封育等措施，使天然草地得到改善的面积，但在同一草地上补种两次或采取两种以上措施的面积，不能重复计量。

5. 草原围栏面积：指采用铁丝、木桩、石头、灌木等围圈措施的草地面积。

6. 鼠害危害面积：达到鼠害防治指标的草原面积。

7. 虫害危害面积：达到虫害防治指标的草原面积。

8. 财政投入：不含上级财政转移支付投入。

9. 当年打贮草总量：无论在什么草地打贮的青干草全部统计在内。

10. 退耕还草面积：指在耕地、撂荒地和被开垦草原上采用种植牧草或封育等措施恢复植被的面积，不包括农闲田种草面积。

11. 当年耕地种草面积：指在耕地上种植牧草的面积。

12. 冬闲田种草面积：指利用冬季和春季休闲的耕地种植一年生或越年生牧草面积。

（二）牧草与草种生产情况表

1. 年末保留种草面积：往年种植牧草且在当年生产的面积与当年新增的牧草种植面积之和，即多年生牧草年末保留面积与当年新增一年生牧草种植面积之和。

2. 人工种草面积：是指经过翻耕、播种，人工种植牧草（草本、半灌木和灌木）的草地面积，但不包括压肥的草田面积，但在同一块草场上播种两次或采取两种以上措施的面积，不能重复计算。

3. 飞播种草面积：用飞机播种牧草的天然草地面积，不含模拟飞播面积。模拟飞播面积计入人工种草面积中。

4. 改良种草面积：人工补播改良的天然草地面积，但在同一块草场上补播两次以上的面积，不能重复计算。

5. 人工种草、飞播种草、改良种草之间没有包含关系。

6. 种子田面积：人工建植专门用于生产草籽的面积。

（三）多年生牧草种植情况表

1. 混播面积仅按主要一种牧草种类填报。

2. 多年生牧草指生长两年及两年以上的牧草，不含越年生牧草。

3. 单位面积产量和总产量计干重。

4. 青贮量计实际青贮重量，不折合干重。

（四）一年生牧草种植情况表

1. 一年生牧草中包含越年生种类，当年播种的越年生牧草面积计入次年种植面积。

2. 饲用作物是以生产饲草为目标，不用于生产籽实的作物，包括青贮专用玉米、青饲或青贮高粱等，也包括草食反刍家畜饲用的块根块茎作物。

3. 混播面积仅按主要一种牧草种类填报。

（五）牧草种子生产情况统计表

1. 草场采种量：在天然或改良草地采集的牧草种子量。

2. 草种生产量=草种田面积×种子田单位面积产量+草场采种量。

3. 牧草指主要用于喂养反刍牲畜的一年生和多年生牧草，不包括饲料作物。

附录二　全国268个牧区半牧区县名录

省份	数量	地（州、市）名称	牧区县		半牧区县	
			数量	县（旗、市、区）名称	数量	县（旗、市、区）名称
合计	64		108		160	
内蒙古	10	包头市	1	达茂		
		赤峰市	2	阿鲁科尔沁、巴林右	5	巴林左、翁牛特、克什克腾、林西、敖汉
		通辽市			6	科尔沁左翼中、科尔沁左翼后、扎鲁特、开鲁、奈曼、库伦
		鄂尔多斯市	4	鄂托克、乌审、杭锦、鄂托克前	4	东胜、准格尔、达拉特、伊金霍洛
		呼伦贝尔市	4	新巴尔虎右、新巴尔虎左、陈巴尔虎、鄂温克	3	阿荣、莫力达瓦、扎兰屯
		巴彦淖尔市	2	乌拉特中、乌拉特后	2	乌拉特前、磴口
		乌兰察布市			3	察右中、察右后、四子王
		兴安盟			4	科尔沁右翼中、科尔沁右翼前、突泉、扎赉特
		锡林郭勒盟	9	阿巴嘎、锡林浩特、苏尼特左、苏尼特右、镶黄、正镶白、正蓝、东乌珠穆沁、西乌珠穆沁	1	太仆寺
		阿拉善盟	3	阿拉善左、阿拉善右、额济纳		

（续）

省份	数量	地（州、市）名称	牧区县		半牧区县	
			数量	县（旗、市、区）名称	数量	县（旗、市、区）名称
四川	3	阿坝州	4	阿坝、若尔盖、红原、壤塘	9	马尔康、黑水、九寨沟、茂县、汶川、理县、小金、金川、松潘
		甘孜州	9	石渠、色达、德格、白玉、甘孜、炉霍、道孚、稻城、理塘	9	康定、新龙、泸定、丹巴、九龙、雅江、乡城、巴塘、得荣
		凉山州	2	昭觉、普格	15	盐源、木里、西昌、德昌、会理、冕宁、越西、雷波、喜德、甘洛、布拖、金阳、美姑、宁南、会东
西藏	7	拉萨市	1	当雄	1	林周
		昌都地区			7	昌都、江达、贡觉、类乌齐、丁青、察雅、八宿
		山南地区			4	曲松、措美、错那、浪卡子
		日喀则地区	2	仲巴、萨嘎	5	谢通门、康马、亚东、昂仁、岗巴
		那曲地区	8	那曲、嘉黎、聂荣、安多、申扎、班戈、巴青、尼玛	2	比如、索县
		阿里地区	3	革吉、改则、措勤	4	普兰、札达、噶尔、日土
		林芝地区			1	工布江达
甘肃	9	兰州市			1	永登
		金昌市			1	永昌

（续）

省份	数量	地（州、市）名称	牧区县		半牧区县	
			数量	县（旗、市、区）名称	数量	县（旗、市、区）名称
甘肃	9	白银市			1	靖远
		武威市	1	天祝	1	民勤
		张掖市	1	肃南	1	山丹
		酒泉市	2	肃北、阿克塞	1	瓜州
		庆阳市			2	环县、华池
		定西市			2	漳县、岷县
		甘南州	4	玛曲、碌曲、夏河、合作	2	卓尼、迭部
青海	6	海北州	3	海晏、刚察、祁连	1	门源
		黄南州	2	泽库、河南	2	尖扎、同仁
		海南州	4	共和、同德、兴海、贵南	1	贵德
		果洛州	6	班玛、久治、玛沁、甘德、达日、玛多		
		玉树州	6	玉树、称多、杂多、治多、曲麻莱、囊谦		
		海西州	5	天峻、乌兰、都兰、格尔木、德令哈		
新疆	12	乌鲁木齐市			1	乌鲁木齐
		哈密地区			3	哈密、巴里坤、伊吾
		昌吉州	1	木垒	1	奇台
		博尔塔拉州	1	温泉	2	博乐、精河
		巴音郭楞州			4	尉犁、和静、和硕、且末

（续）

省份	数量	地（州、市）名称	牧区县		半牧区县	
			数量	县（旗、市、区）名称	数量	县（旗、市、区）名称
新疆	12	阿克苏地区			2	温宿、沙雅
		克孜勒苏柯尔克孜州	2	阿合奇、乌恰	1	阿克陶
		喀什地区	1	塔什库尔干		
		和田地区			1	民丰
		伊犁州	3	新源、昭苏、特克斯	2	尼勒克、巩留
		塔城地区	3	托里、裕民、和布克赛尔	2	塔城、额敏
		阿勒泰地区	7	阿勒泰、布尔津、哈巴河、富蕴、青河、福海、吉木乃		
云南	1	迪庆州			3	德钦、维西、香格里拉
宁夏	2	吴忠市	1	盐池	1	同心
		中卫市			1	海原
河北	2	张家口市			4	沽源、张北、康保、尚义
		承德市			2	围场、丰宁
山西	1	朔州市			1	右玉
辽宁	3	沈阳市			1	康平
		阜新市			2	彰武、阜新
		朝阳市			3	北票、建平、喀喇沁左翼

（续）

省份	数量	地（州、市）名称	牧区县		半牧区县	
			数量	县（旗、市、区）名称	数量	县（旗、市、区）名称
吉林	3	四平市			1	双辽
		松原市			3	前郭尔罗斯、乾安、长岭
		白城市			4	镇赉、大安、洮南、通榆
黑龙江	5	齐齐哈尔			4	龙江、甘南、富裕、泰来
		鸡西市			1	虎林
		大庆市	1	杜尔伯特	3	肇源、肇州、林甸
		佳木斯市			1	同江
		绥化市			5	兰西、肇东、青冈、明水、安达

注：在原有的264个牧区半牧区县的基础上新增加云南省的德钦、维西、香格里拉县和西藏自治区的尼玛县；其中，尼玛县纳入牧区县范围，德钦、维西、香格里拉县纳入半牧区县范围；甘肃省安西县更名为瓜州县。

附录三　附　　图

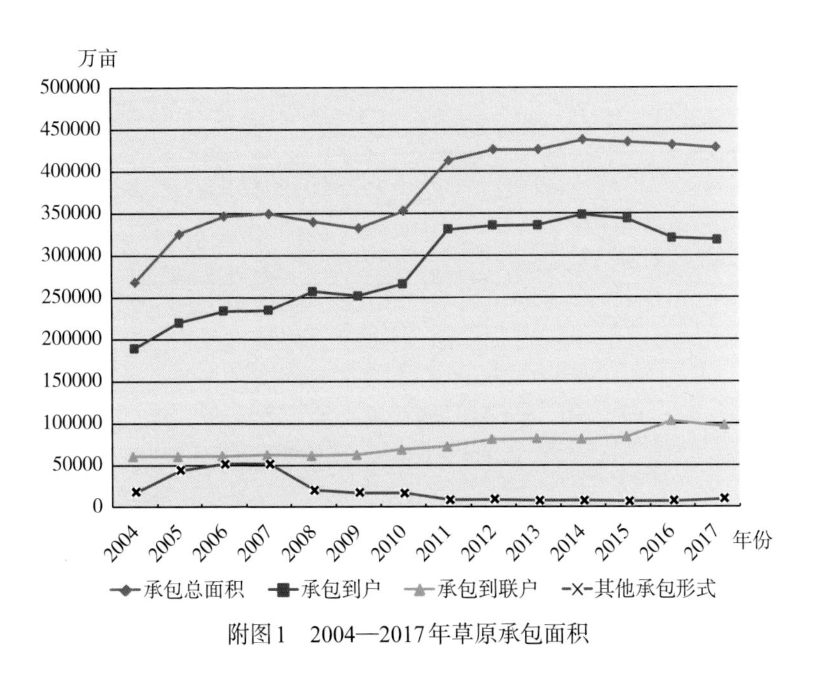

附图1　2004—2017年草原承包面积

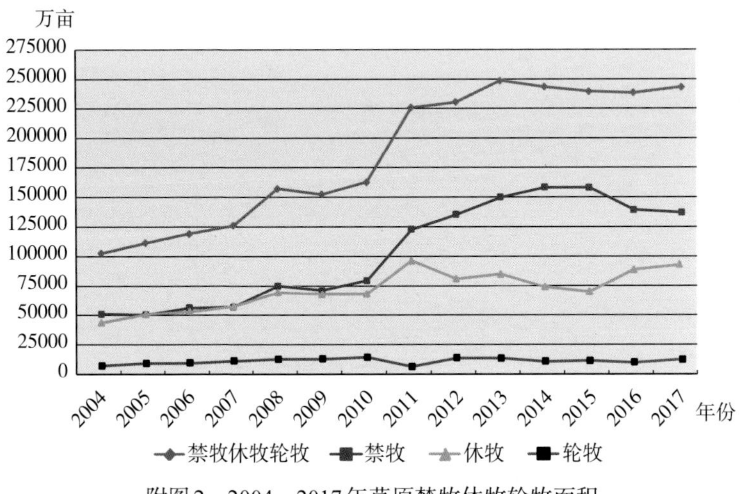

附图2　2004—2017年草原禁牧休牧轮牧面积

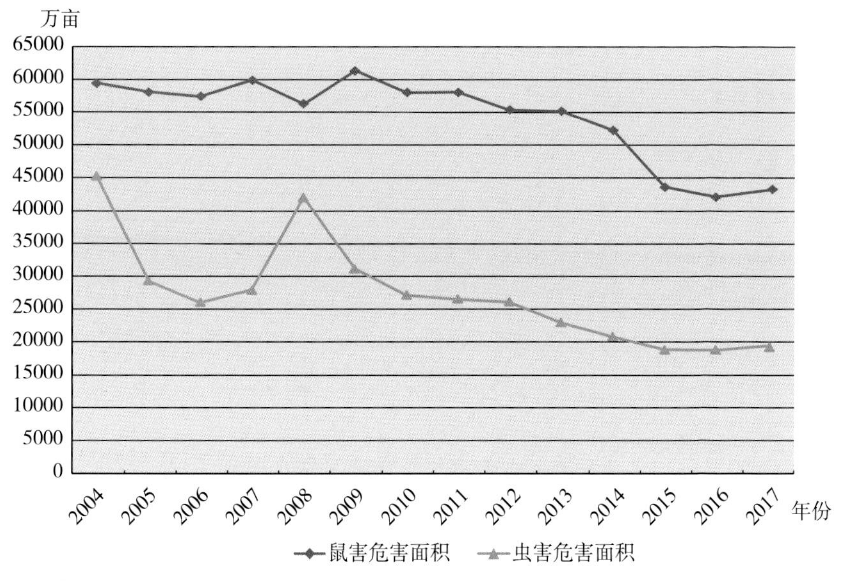

附图3　2004—2017年草原鼠虫害危害面积

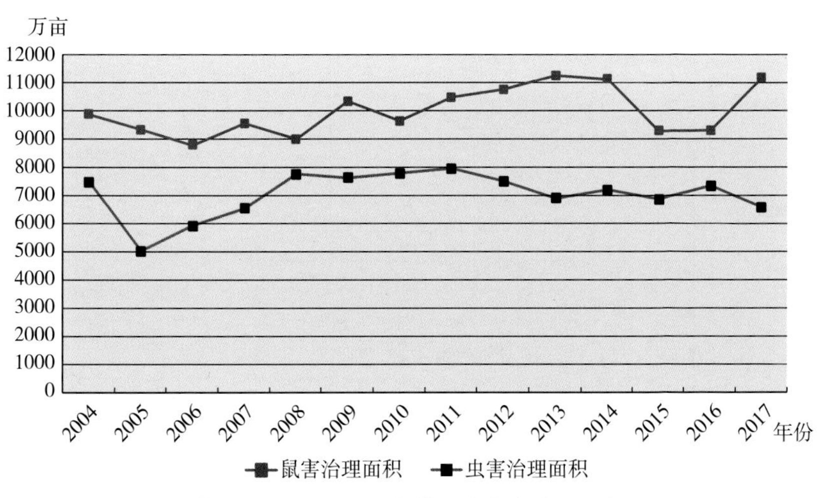

附图4　2004—2017年草原鼠虫害治理面积

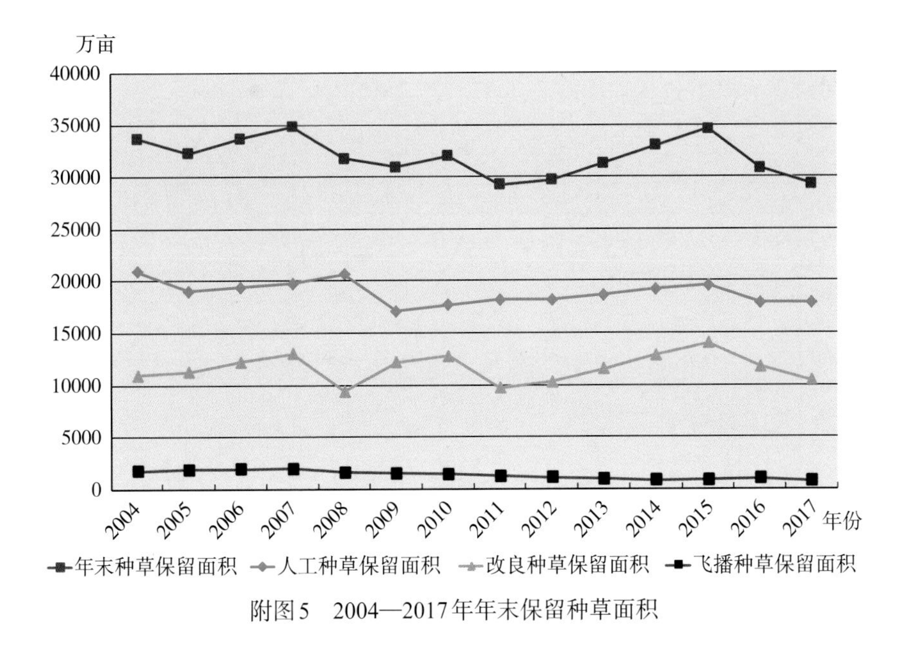

附图5　2004—2017年年末保留种草面积

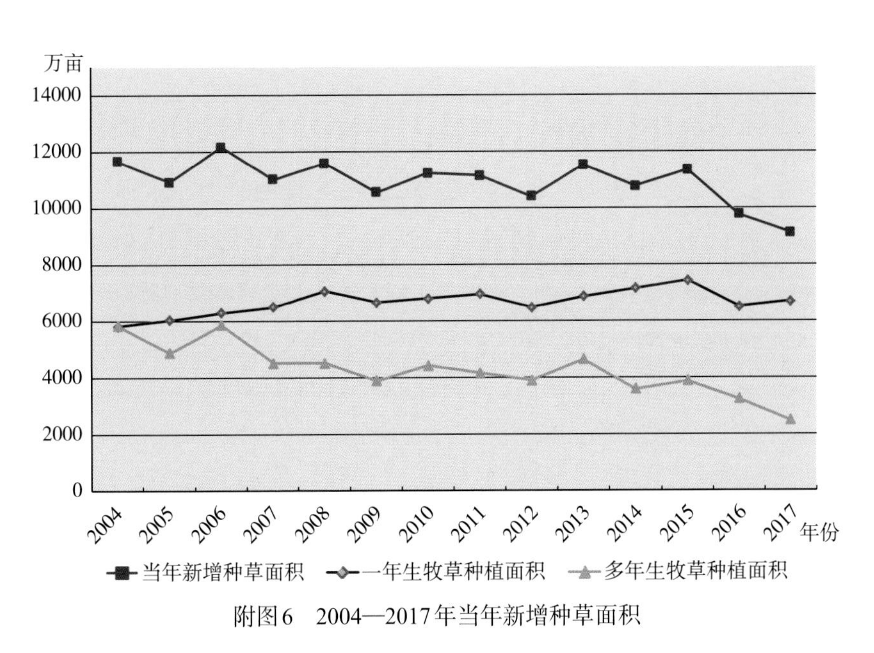

附图6　2004—2017年当年新增种草面积

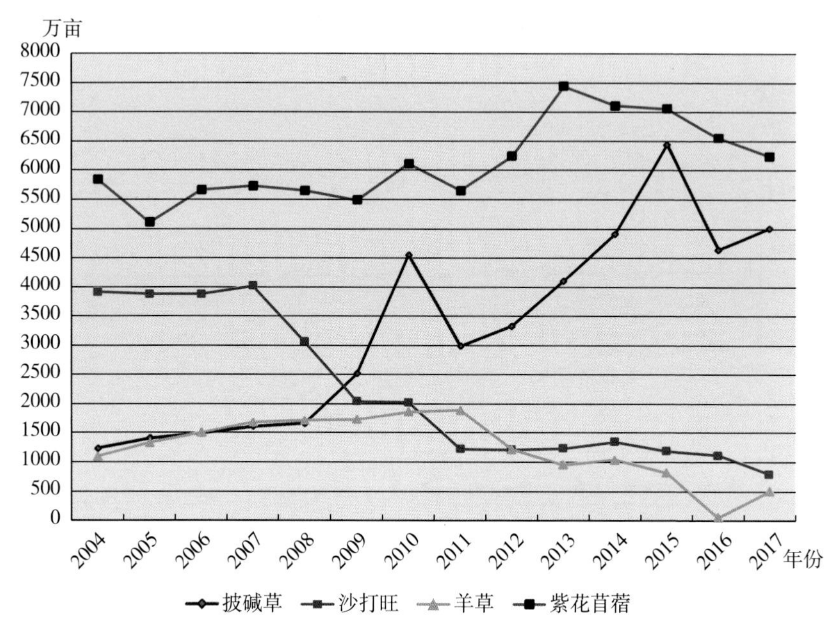

附图7　2004—2017年主要多年生牧草种类保留种植面积

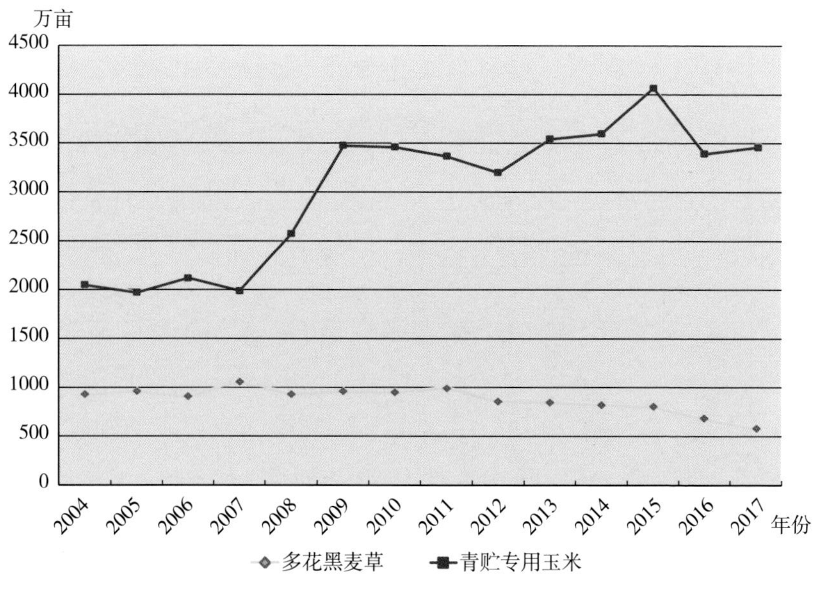

附图8　2004—2017年主要一年生牧草种类种植面积